W0269033

Veröffentlichungen aus der
Forschungsstelle für Theoretische Pathologie
(Professor Dr. med. Dr. phil. Dr. h. c. H. Schipperges)
der Heidelberger Akademie der Wissenschaften

Thomas Henkelmann

Zur Geschichte des pathophysiologischen Denkens

John Brown (1735–1788)
und sein System der Medizin

Mit 6 Abbildungen

Springer-Verlag
Berlin Heidelberg New York 1981

Dr. Thomas Henkelmann
Institut für Geschichte der Medizin
der Universität
Im Neuenheimer Feld 305
6900 Heidelberg

ISBN-13: 978-3-642-68019-9   e-ISBN-13: 978-3-642-68018-2
DOI:10.1007/978-3-642-68018-2

CIP-Kurztitelaufnahme der Deuschen Bibliothek
Henkelmann, Thomas: Zur Geschichte des pathophysiologischen Denkens: John Brown
(1735 – 1788) u. sein System d. Medizin / Thomas Henkelmann. – Berlin ; Heidelberg ; New
York : Springer, 1981.
(Veröffentlichungen aus der Forschungsstelle für Theoretische Pathologie der Heidelberger
Akademie der Wissenschaften)

Vorwort

Es ist nicht die Absicht der vorliegenden Untersuchung,
eine Gesamtdarstellung des Brownschen Systems und seiner Wirkungsgeschichte zu geben. Eine solche Arbeit wäre
noch zu schreiben, wobei man sich allerdings sehr kritisch
ihrer Relevanz versichern müßte. Die vorliegende Untersuchung will zu Fragen einer Theoretischen Pathologie
Stellung nehmen, und dies sind zunächst Fragen, die die
Gegenwart diktiert: Fragen an den Gesundheits- und
Krankheitsbegriff, damit auch an die Wissenschaften, die
primär davon zu handeln vorgeben, die Physiologie und
Pathologie, Fragen aber auch, die ein Mediziner des 20.
Jahrhunderts an eine reichlich „entsubjektivierte" Medizin
haben kann, die keinen produktiven Gehalt in den Krankheiten findet und die dem „homo patiens" vorwiegend mit
Meßverfahren und apparativen Techniken beizukommen
bemüht ist. In diese naturwissenschaftliche Medizin läßt
sich nicht mehr so leicht das „Subjekt" einführen, schon
gar nicht im Rahmen moralischer Appelle, wie es die
„Fest- und Feiertagsphilosophien" der Medizin immer
wieder versuchen. Denn *für* die naturwissenschaftliche
Medizin sprechen (immer noch) gewichtige historische
und gesellschaftliche Argumente, Argumente ihres Erfolges, ihrer Nützlichkeit, ihrer Verwertbarkeit, und die sogenannte „Medizinische Anthropologie" ist nicht selten ihre
bloße Fassade geworden, die die harte klinische Alltagsrealität zu verhüllen, allenfalls mit einem Schuß humani-
stischen Esprits zu versüßen bestrebt ist.

An dieser Stelle könnte nun die Historie weiterhelfen;
denn die Realität unserer modernen naturwissenschaftlichen Medizin ist eine historische, d.h. sie ist geschicht-
lich nachvollziehbar entstanden und wird einst, in einer
veränderten historischen Situation, eine völlig andere werden. Ob sich dieser Paradigmawechsel bereits ankündigt,
ob er sich gar schon vollzieht in einem ökologischen Wandel der Medizin, dies zu prognostizieren soll und muß anderen Berufeneren überlassen werden. Kaum wagt man es
allerdings zu hoffen, daß dies, was so häufig gewünscht
und herbeizitiert wurde, schon Realität sein könnte. Auf-

gabe des Historikers aber kann und muß es sein, Einblicke
zu geben in die Entstehungsbedingungen der modernen
naturwissenschaftlichen Medizin. So wäre uns schon ein
wenig gedient, wenn wir mehr Einblick in die historischen
Prozesse bekämen, die im 18./19. Jahrhundert langsam,
aber hartnäckig das Subjektive aus Pathologie und Physiologie zu eliminieren begannen, was bedeutet, eine bestimmte (empirische) Verwissenschaftlichung dieser beiden Fächer zu verfolgen. Interessant dürften ebenfalls die
Umwälzungen im Krankheitsbegriff, davon abhängig auch
im Gesundheitsbegriff, sein, die sich beschreiben lassen
als gleichzeitige Überbewertung und Entwertung des
Krankhaften. Überwertig wird es im Bezug auf das Gesunde. Mit dem 19. Jahrhundert geht das Interesse der Medizin ganz und ausschließlich auf die Krankheit und ihre
Beseitigung über. 2000 Jahre Traditionen der Gesundheitslehren versinken in dieser Konsequenz einer vorrangi-
gen (verwissenschaftlichten) Bedeutung der Krankheit.
Gleichzeitig aber wird das Kranksein — um hier die vielbenutzten Termini der Differenz einer subjektiven Dimension vom objektiven Befund zu gebrauchen — nie geringer
bewertet und erfahren, als in der nun folgenden Epoche
der Medizin. Es ist das nur A-normale, was die Krankheit
nunmehr vorstellt; sie fällt aus dem normalen (gesellschaftlichen) Leben heraus, in dem Maße, in dem die Medizin
das auch Physiologische im Pathologischen entdeckt.
Krankheit ist unkreatives, unschöpferisches Leben, das
nur da ist, um durch die Medizin beseitigt zu werden. Die
Krankheit verliert wesentlich inhaltliche Bestimmungen —
in erster Linie den Charakter einer Originalität, eines
Ereignisses menschlicher Existenz — und bleibt nur das,
was sie auch ist und was jede Zeit in ihr sah: die Defizienz!
   Die hier notierten Fragen sind ungemein komplex und
sie werden es noch mehr, wenn man sie in ihrem histo-
risch-gesellschaftlichen Umfeld bedenkt. Die vorliegende
Arbeit will und muß sich daher notwendige Grenzen setzen, und sie tut dies vor allem in der Beschränkung auf
eine exemplarische Person, einen Mediziner der Zeit des
Überganges, von dem anzunehmen ist, daß durch ihn hindurch und von ihm prismatisch gebrochen, die Diskurse
der modernen Medizin laufen: John Brown, der sich als
„Newton der Medizin" verstand und das letzte große System der Medizin schuf, womit er dem 18. Jahrhundert
Tribut zollte, gleichzeitig aber, wie kein Zweiter, dem Anspruch der Systematiker und Nosologisten kämpferisch
begegnete. Die Reflexion auf ihn geht aber, es sei nochmals betont, nur scheinbar rückwärts: Sie soll in der Ver-
gangenheit das Gegenwärtige präsent machen. Deshalb

interessieren vorwiegend ausgewählte Aspekte am Brownschen System. Bestimmte Fragen geraten vielleicht überdimensional in den Vordergrund, wie die nach Krankheit und Gesundheit, der vitalen Struktur der Organismen, letzteres ist eine Frage nach der Physiologie; weiter dem Verhältnis von Physiologie und Pathologie und nicht zuletzt die Frage nach der Quantifizierung des Lebendigen.

Um diese Begriffe und Themen wirklich verstehen und einschätzen zu können, müssen sie in einen weiteren historischen Rahmen gestellt werden. Ihre Herkunft und historische Funktion soll begreifbar, darin aber auch immer wieder die Gegenwart konkret werden. Der eingeweihte Leser möge deshalb manchen für dieses Verständnis wesentlichen historischen Exkurs verzeihen. Allerdings wurden auch einer Forschung um Brown einige neue Impulse mitgeteilt, die die Diskussion aus den medizinhistorischen Gemeinplätzen von Sthenie und Asthenie herausführen könnte. Nicht alle, für eine solche Wiederbelebung relevanten Materialien, konnten im Rahmen dieser Arbeit berücksichtigt und erörtert werden. Dies gilt insbesondere für die Vorlesungsmitschriften Browns mit insgesamt 2500 Seiten, die Kenntnisse über Browns Rezeption von Cullen sowie das Vorfeld seiner eigenen Werke geben könnten, sowie die möglicherweise dritte publizierte Schrift Browns, „An enquiry into the state of medecine on the principles of the inductive philosophy...". Eine Auswertung dieser Materialien bleibt einer spezielleren medizinhistorischen Darstellung überlassen.

Zum Schluß möchte ich allen Dank sagen, die meine Arbeit unterstützten. Ich danke besonders für kritische Anregungen in manchem Gespräch Herrn D. v. Engelhardt. Den Universitätsbibliotheken von St. Andrews und Edinburgh, insbesondere Miss M. Robertson, danke ich für die Beschaffung des Brown-Briefwechsels. Ganz besonders danken möchte ich Frau Ch. Erbacher-v. Grumbkow für ihre hilfreiche Durchsicht des Manuskripts.

Heidelberg, im Dezember 1979 Th. Henkelmann

Inhaltsverzeichnis

I. Brown und die moderne Medizin

1. Zeit- und Begriffsbestimmung der modernen Medizin

Wenn ein römischer Arzt aus der Zeit des Galen in das junge 18. Jahrhundert zurückgekehrt wäre, so hätte er ohne größere Schwierigkeiten erneut seine ärztliche Praxis ausüben können. Würden wir einen Arzt aus dem Zeitalter der Aufklärung in der heutigen Zeit wiederbeleben — er würde nicht die einfachsten Prinzipien, auf denen unsere Medizin beruht, begreifen und durchschauen. Sein medizinisches Wissen läge mit Sicherheit unter dem eines durchschnittlichen Laien und — von instrumentellen und institutionellen Voraussetzungen einmal abgesehen — wäre er wohl kaum in der Lage, die Bedürfnisse und Wünsche seiner jetzigen Patienten zu befriedigen.

Zwischen der Antike und dem 18. Jahrhundert vollzieht die Medizin keine Revolution ihrer Praxis, ereignet sich kaum eine Revolution der Therapeutik, die fast 2000 Jahre jene Mittel tradiert, die heute nur dem Medizinhistoriker, nicht aber dem praktischen Arzt, etwas sagen. Dies wird man zugeben müssen, ohne gleich die Nacht des Mittelalters heraufzubeschwören, ja auch ohne die Wirksamkeit der mittelalterlichen Medizin in Abrede zu stellen.

Um die Mitte des 18. Jahrhunderts beobachtet ein praktischer Arzt ein Symptom, das ihn fasziniert, das er zu kurieren versucht, dem er aber nie tiefer nachgeht, weil dies seine Intention, die in der symptomatischen Methode gründet, überschritte. Nie stellt er die Frage nach der „Geographie" der Krankheit im Körper — wir erfahren nicht, ob ein Nieren-, Leber- oder irgendein anderes uns heute ätiologisch geläufiges Leiden die Ursache der Polyurie ist — und auch dies ist bemerkenswert: Alle Beobachtungen und Überlegungen bleiben qualitativer Natur. „Ein Mann von 52 Jahren, von einem zimlich starken und festen Körper, . . . klagte mir den 23 May 1768 daß er zu viel Urin ließe, und zwar wie er glaubte, mehr als sein Getränk ausmachte. . . . Die Farbe des Urins war bleich und helle. . . . Dabey hatte er stets einen trocknen Mund, und auf mein Befragen, glaubt er einige Abnahme der Kräfte zu verspühren. Er hatte keine Ausschweifungen begangen, und weder eine Krankheit vorher gehabt, noch Arzneyen gebraucht. . . . Er besorgte darauf den folgenden Tag seine Geschäfte mit gewöhnlichem Eifer, und kam erst den 25 wieder zu mir, und berichtete mir, daß er mehr Urin gelassen, als er getrunken hätte. . . . Dabey klagte er über mehrern Durst und Abnahme an Kräften: der Urin war wieder bleich und helle, und war meistens des Nachts gelassen worden. . . . Den 27 wurde ich früh zu ihm gerufen. Ich fand ihn im Bette, der Puls war, wie zuvor, ziemlich stark, doch ohne Fieber, gleichwohl klagte er über mehrere Schwachheit. . . .

Ich fand nicht mehr, als drey bis vier kleine Kelchgläser voll Urin, den er auf einmal gelassen hatte: den Rest hatte man weggegossen. ... Der Urin hatte eine helle Strohfarbe, und war durchsichtig. Ich verordnete ihm darauf einige schleimigte, stärkende und mit viel Alaune versetzten Pillen. ... Des Abends fand ich ihn außer dem Bette sitzen, bey schwächern Pulse und größerer Mattigkeit; ... Der Urin, den er von früh 10 bis Abends um 8 Uhr gelassen, betrug ohngefehr zwo Weinflaschen voll. Ich ließ ihn also bey den Gebrauch der Pillen. Ich traf ihn den 28 früh um 10 wieder im Bette sehr matt an; doch war der Puls stärker, als den Abend zuvor, und er war wie vom Anfange an, ohne Fieber. ... Nachmittags um 4 Uhr ... befand (er) sich ebenfalls sehr schwach, und hatte wieder ohngefähr zwo Flaschen voll Urin gelassen, und gleichwohl kaum drey Biergläschen voll Getränke zu sich genommen. Es zeigte sich itzt unten im Urin, den man zusammengegossen und der noch die nämliche Strohfarbe hatte, und ohne Geruch war, ein wenig von einem röthlichen Sande. ... Ich besuchte ihn des Abends um 8 Uhr wieder, und fand ihn noch schwächer, den Puls kleiner und geschwinder, und die Stimme matter. Er war diesen Tag alle Stunden merklich schwächer worden ... und war nicht vermögend, sich zum Urinlassen aufzurichten. Er hatte wieder ohngefähr eine Flasche voll Urin von sich gegeben. Ich empfahl ihm fleißiger mit den Arzneyen fortzufahren. ... Wir besuchten unsern Kranken wieder am 29 früh um halb 9 Uhr. Sein Puls war sehr schwach, und die Stimme, welche in 36 Stunden merklich abgenommen hatte, war itzt außerordentlich matt: das Gesicht war sehr verfallen und zeigte uns das Ansehen eines sterbenden Menschen. Er beklagte sich dabey, daß seine Augen so schwach wären, daß er uns kaum sehen könnte. ... Der Urin, den er seit vorigen Abend gelassen hatte, machte wieder ohngefähr eine Flasche aus, und war etwas heller. Und auf diese Art hatte er in 48 Stunden ohngefähr 10 Flaschen Urin gelassen, und keine zwey getrunken. Nach dieser Zeit hat er nicht wieder das Uringlaß verlangt, und ... bekam einigemal den Schlucken und starb des Mittags um halb ein Uhr." [1]

Diese Krankengeschichte, betitelt: „Von einem starken und in wenig Tagen tödtlichen Harnfluß", vermittelt einen ersten Eindruck in die Beziehung von Arzt und Patient im 18. Jahrhundert, bei dem ein bemerkenswerter Umgang mit Nähe und Distanz auffällt. Im Mittelpunkt der Handlung steht ein Symptom, das der Patient schildert und das der Arzt erfährt und behandelt. Das Symptom ändert sich, die Therapie wird daraufhin modifiziert, die Befindlichkeit des Kranken wechselt, wird erfragt und geht in den abschließenden ärztlichen Bericht mit ein. Das Gespräch in all seinen Schattierungen als diagnostisches, therapeutisches und wesentlich mitfühlendes, ist vorrangiges Medium der Interaktion und beansprucht, im nachträglichen Text des Arztes eher noch verkürzt, den größten Raum. Der Körper wird dagegen oberflächlich, nur in seinen Vitalreaktionen beachtet: als ein durstiger, hungriger, Mißempfindungen verursachender; als ein Körper, der aufnimmt und ausscheidet und endlich stirbt. Alle Details des Berichts nehmen ihn wahr auf dieser jedem Sehenden, nicht nur ärztlichen Betrachtern zugänglichen, primären Vitalebene, die das Gespräch verlangt und keine bedeutenden Kompetenzunterschiede macht. Man spricht über den körperlichen Zustand, aber nie sucht der Arzt eine Begründung hinter den ihm dargebotenen Oberflächen. Er bleibt − vom Standpunkt unserer Diagnostik aus gesehen, die die gestellten Fragen allenfalls unter

den anamnestischen Vorspann subsumieren würde — äußerst distanziert. Der
Arzt betastet, beklopft nicht den Körper, horcht nicht in ihn hinein auf Phänomene, die sich in seinen Tiefen abspielen. Nur während der häufig ge-
übten Pulsmessung, kaum mehr als ein Händedruck, wird der Patient berührt.
Der Körper des Kranken ist nicht das unmittelbare Objekt der ärztlichen Erkenntnis.

Am Beginn des 19. Jahrhunderts verändert die Medizin ihr Verhältnis zum
Körper des Kranken. Sie erfaßt, durchdringt, analysiert ihn, beginnt eine neue
Intimität, die kaum eine Körperöffnung dem diagnostischen Blick entziehen
wird. Dieser Prozeß der Annäherung der Medizin an den Körper wird nicht,
wie ja denkbar und wünschenswert, durch eine Vertiefung des Gesprächs be-
gleitet; es gibt nicht die psychoanalytische Archäologie, die die Analysen
Bichats und Virchows unterstützt hätte. Im Gegenteil, zu sprechen scheinen für
den Arzt plötzlich die Körper selbst, und wenn auch die Sprache von vielfältig
modulierten Tönen, von Geräuschen und Dämpfungen, zunächst noch fremd
ist, sie spricht eine der subjektiven Rede überlegene Wahrheit.

Angesichts dieser Zäsur, und ohne die Ansätze eines Harveys, Baglivis u. a.
für die Moderne preisgeben zu wollen, scheint sich die Entwicklung zur gegen-
wärtigen Medizin in der Pathologie zwischen Morgagni und Virchow ereignet
zu haben. In der Physiologie lassen sich damit etwa die Namen Haller und
Claude Bernard verbinden. Damit ist ein Beginn etwa um die Mitte des 18. und
ein Schlußakkord um die Mitte des 19. Jahrhunderts gesetzt. In dieser Zeitspanne bildet die Medizin die anatomisch-klinische Methode, mit einem
Grundinventar an Sektion — Krankengeschichte — Auskultation, und die quantitativ experimentelle (Patho-)Physiologie, mit all den wichtigen Labor- und
Meßverfahren.

Nach dieser Zeit wird der Puls nicht mehr gefühlt und charakterisiert, sondern in erster Linie gezählt. Die Körperwärme des Patienten wird nicht inspek-
torisch erfaßt oder ertastet, sondern gemessen. Für diese tiefgreifenden Veränderungen hat Foucault den scharfsinnigen Terminus vom gewandelten „ärztlichen
Blick" geprägt. Es verändert sich nämlich keineswegs zuerst eine bestimmte
ärztliche Praxis, die theoretisch neu überformt wird, noch hat eine bestimmte
medizinische Theorie nun eine veränderte ärztliche Praxis zur Folge. Vielmehr
ändert sich das eine im anderen oder durchgreifender: der „ärztliche Blick".
„Es hat sich also nicht zuerst die Konzeption der Krankheit gewandelt und
dann die Art ihrer Feststellung; auch hat sich nicht das Zeichensystem geändert
und dann die Theorie; geändert hat sich insgesamt und tiefer der Bezug der
Krankheit zu dem Blick, dem sie sich darbietet und den sie gleichzeitig konsti-
tuiert. Auf diesem Niveau kann man Theorie und Erfahrung, Methoden und
Resultate nicht auseinanderhalten." [2]

Einen seit dem Mittelalter zu verfolgenden stetigen Fortschritt der Nosologie hat es nicht gegeben, oder man wird nur mit vielen Einschränkungen von
ihm sprechen dürfen. Noch um 1800 dominiert in den Beschreibungen des
Krankhaften das Metaphorische und Groteske, ja Monströse. Wer dies nicht
glaubt, der wage einmal einen Blick, weniger in eines der Lehrbücher der Pathologie des 18. Jahrhunderts, als in eines der Journale oder Handbücher zum
Gebrauch praktischer Ärzte. Sehr schnell würde er auf einer wahrhaft phanta-
stischen Reise gewahr, daß noch im 18. Jahrhundert ein ärztliches Wissen re-

giert, das nur sehr vorsichtig eine Vorstufe unserer Pathologie genannt werden kann. Da gehören „kränklicher Monatsfluß", „Nasenbluten" und „Hämorrhoiden" in eine nosologische Kategorie, weil „Blutung" ihre verbindliche Phänomenologie ist. In eine andere Ordnung versetzt finden sich so grundverschiedene Erscheinungsbilder wie „Epilepsie", „Lähmung", „Apoplexie", „Trismus" und „Tetanus".[2a] Es existiert nicht die Perspektive, die uns heute in der Lähmung ein Symptom sehen läßt, in der Apoplexie eine organische Dysfunktion und im Trismus wiederum ein Symptom, das Tetanus und Epilepsie, aber nicht nur ihnen, gemeinsam ist. Fest steht indes dies: Noch im 18. Jahrhundert bewegt sich der Arzt in einem völlig verschiedenen räumlich-zeitlichen Bezugsnetz der Pathologie, dem im 19. Jahrhundert der vertraute ärztliche Blick gegenübertritt. Daß dieser Umbruch nicht übers Jahr kam, machte ihn nicht weniger plötzlich.

In diese Zeit des Überganges fällt nun das schmale Werk des heute fast vergessenen schottischen Mediziners John Brown, der vom Standpunkt damaliger Schulmedizin zunächst ein krasser Außenseiter gewesen ist, und dessen Theorie der Medizin etwas grillenhaft, zumindest aber verwunderlich erscheint: Alles Leben sei Erregung, ein Zuviel derselben rufe sthenische, ein Zuwenig asthenische Erkrankungen hervor etc. Browns System ist nun zweifelsohne — Rothschuh[3] zufolge — simpel und auch reich an Mängeln, allerdings keineswegs theorielos. Im Gegenteil verbirgt sich dahinter eine äußerst dezidierte Theorie, und die erst produziert bestimmte, sehr logische Fehler! Simplizität und Mängel bieten darin ein geradezu positives Erkenntnismoment. Durch sie ergibt sich nämlich die außerordentliche Chance, einmal in das Erprobungsstadium unserer heutigen Dogmen hineinzusteigen, um das geschichtliche Werden wichtiger pathophysiologischer Begriffe gleichsam vivisektorisch mitzuerleben. Man mag Brown, einer polemischen Strategie des 19. Jahrhunderts folgend, einen Außenseiter nennen; sicher aber war die Edinburger Schule, der er entstammte, neben Wien, Leyden beerbend, das führende Zentrum medizinischer Forschung und Lehre im Europa der zweiten Hälfte des 18. Jahrhunderts.

Im Ausgang des 18. Jahrhunderts vollzieht die Medizin zwei wesentliche Theoriebildungen, die an Brown gezeigt werden können, da sein Werk mitten in ihnen entsteht und besteht. Erstens, das breite Vordringen empirischer Methoden mit Konsequenzen für den Wissenschaftsbegriff der Medizin, für den Krankheitsbegriff, bessser, für das ganze Gefüge von Symptom, Krankheit und pathophysiologischem Befund. Zweitens, und davon nicht abzulösen, die Neukonzeptionalisierung des Verhältnisses von Physiologie und Pathologie, die nicht länger als scholastisches Nebeneinander, sondern einander bedingendes gemeinsames Begriffsgebäude imponieren, d. h. als Pathophysiologie. In Brown konturiert sich der pathophysiologische Diskurs der Medizin, was nicht heißt, daß er hier begänne. Man wird dies zugeben müssen, auch wenn die Pathophysiologie noch eher wie ihre Karikatur anmutet. Denn sie enthält, wie ein Spiegelbild, bereits das Begriffsvokabular, das Virchow und Claude Bernard später lesbar machten.

2. Brown im Spiegel der medizingeschichtlichen Urteile

Bei einem Überblick über den Umgang der Historie mit Brown lassen sich Phasen abgrenzen. Dabei soll eher ein Trend bezeichnet als die kaum überschaubare Fülle der Äußerungen zu Brown in Formeln gezwungen werden. Immer in dieser 200jährigen Rezeptionsgeschichte gab es positive wie negative, diffamierende wie kritische Einschätzungen. Eine Auswahl ist zu treffen, bei der abzuwägen ist, wer der Verfasser eines Urteils über Brown ist und welche Ziele er damit verfolgt.

Ein Jahr nach Browns Tod druckt „Baldinger's Medizinisches Journal" 1789 den interessanten Brief eines deutschen Arztes, der die Auseinandersetzungen in Edinburg offensichtlich aus erster Hand miterlebt hatte: „Besonders hat ein gewisser *Dr. Brown*, der vor einigen Jahren hier lebte und kürzlich in London starb, durch ein eigenes, neues System gar viel Unheil gestiftet. Dieser Mann, mit wahren theophrastischen Sitten und Unverschämtheit, demonstrierte reinweg, die causa proxima aller Krankheiten bestände einzig in Debility und Excitement. Dieser schönen Lehre zufolge kurierte er alle möglichen Fälle mit Beefsteakes, Branntwein, Punsch und Opium oder mit Aderlassen und Purgieren. Und sollten sie wohl glauben, daß er mit diesem tollen Systeme den größten Teil der fähigsten jungen Ärzte ansteckte, und daß noch jetzt in unserer Royal medical Society (die weiter nichts als eine Gesellschaft von Studierenden ist) die meisten und geschicktesten Mitglieder eifrige Brownianer sind?" [4]

„Unverschämtheit" und reformatorischer Gestus sind denn auch die einzigen Verbindungen gewesen, die man zwischen Paracelsus und Brown gestiftet hat. Interessant ist dieser Brief, weil er durch den Mund eines Kritikers Auskunft über die Verbreitung des Brownschen Systems gibt. Eine schon an naturwissenschaftlichem Denken geschulte Bemerkung macht Henle um die Mitte des 19. Jahrhunderts: „Hätte doch jemand dem genialen Arzte, in dessen Arzneischatz Opium, Wein, frohe Nachrichten, China, Speisen und Wärme stufenleitermäßig und nach Wirkungsgraden geschätzt übereinanderstanden, vorgeschlagen, ihm (d. h. sich selbst) die üblichen Nahrungsmittel durch eine doppelte Portion von Wärme und heiteren Erzählungen zu ersetzen! Die Ursache dieses lächerlichen Irrtums liegt in dem unverstandenen, halben Anschließen an die physikalischen Forschungsmethoden." [5] Henle spricht von einem „unverstandenen, halben Anschließen an die physikalischen Forschungsmethoden", womit er etwas sehr Wesentliches trifft. Er behauptet nicht, wie andere Autoren, Brown sei ein empirieloser Spekulant gewesen, sondern er habe die physikalische „Wahrheit" nicht vollständig verstanden. Die beiden Äußerungen zu Brown trennen 60 Jahre medizinischer Entwicklung, Entwicklung zur Moderne. Wir merken dies an der Perspektive der Kritik. Dem Zeitgenossen Browns fällt die theophrastische Unverschämtheit und die hitzige Debatte in der Edinburger „Royal Medical Society" ins Auge, alles Dinge, die den naturwissenschaftlichen Henle kaum mehr zu interessieren brauchen, denn er hebt mit einer ironischen Bemerkung das ganze System aus den Angeln. Ihm entgeht nun allerdings die historische Dimension. Über die Brownsche Medizin, eine Medizin in den „Kinderschuhen", kann er sich nurmehr wundern. Es ist ihm unverständlich, daß die Etablierung der naturwissenschaftlichen Medizin zuerst einmal nur in einem „halben Anschließen an die physikalischen Forschungsmethoden" bestanden haben könnte. Beide Urteile aber verbindet dies: Sie projizieren Brown ins medizinische „Außen". Fast ein Scharlatan, ist er ein Mann, der mit „Beefsteakes, Branntwein und Opium" kuriert und der der Schulmedizin einen „lächerlichen Irrtum" beschert hat.

Solche Urteile erhellen indes mehr über die Richter als den „Beklagten". Man kann an der Rezeptionsgeschichte des Brownschen Systems eine allgemeine Entwicklung transparent machen, in deren Verlauf es der naturwissenschaftlichen Medizin allmählich gelang, sich von ihren Anfängen loszusagen.

Im frühen 19. Jahrhundert ist die Beschäftigung mit Brown sehr intensiv, seine Theorie ein die damalige Medizin tangierendes Thema. Der Historiker, der Informationen über das Brownsche System gewinnen will, muß in diese Zeit des noch offenen Gesprächs zurückgehen. Dabei wird er etwa die wichtige Materialsammlung und Gesamtdarstellung Bernard Hirschels finden: „Geschichte des Brown'schen Systems und der Erregungstheorie" (1846). Hirschel kennt noch die Quellen, und fügt die bislang umfassendste Sekundärliteratur hinzu mit über 300 Titeln, überwiegend aus der Zeit 1795—1810. Dieser Informationsfluß über Brown wird im Zuge einer neuen medizingeschichtlichen Epoche gegen Ende des 19. Jahrhunderts allmählich dünner und dürftiger. Man erlaubt sich einen restriktiven und zunehmend redundanten Gebrauch der historischen Überlieferung und variiert überwiegend die eine schon genannte Thematik, nach der es sich in Brown um einen obskuren Außenseiter gehandelt habe.

So kann denn Meyer-Steineg zu Anfang unseres Jahrhunderts resümieren: Cullen und Brown hätten in Edinburg „eine Richtung begründet, die zwar ihren Zusammenhang mit Haller nicht verleugnete, in ihren Auswirkungen aber seinen Gedanken stracks zuwiderlief". Überdies habe „das System des schottischen Arztes John Brown ... ein außerordentliches, uns heute kaum mehr verständliches Aufsehen erregt ... (Brown) war zweifellos ein geistvoller und origineller Mensch, dabei aber von zügellosem Charakter und einer weitgehenden Gewissenlosigkeit...".[6] „Es bedurfte einer energischen Abkehr von beiden Richtungen, sowohl von der Broussaischen, die im Grunde nicht viel anderes als ein modifizierter Brownianismus war, als auch von den auf naturphilosophischem Boden erwachsenen Lehren, um die Medizin wieder auf die Bahn der naturwissenschaftlichen Auffassung zurückzubringen."[7] Meyer-Steineg stellt hier vier klare Thesen auf, die sich geringfügig unterschieden bei anderen Historikern zeigen lassen. Es lohnt sich, sie einmal genauer zu beleuchten. Zuerst wird Brown aus dem durch Haller initiierten Diskurs[8] herausgelöst. Man „filtert" ihn ab, trennt ihn vom Kontext der Entstehung der modernen Medizin. Dadurch, nämlich ohne diesen Zusammenhang, wird der Anklang, den seine Lehre fand, verständlicherweise „heute kaum mehr verständlich". In dieser geschichtlichen „Lücke", die jede theoretische Stringenz vermissen läßt, werden nun psychologische und persönliche Faktoren ausgesprochen wichtig: Brown ist „originell", aber charakterlos. Vergebens versucht man herauszufinden, aufgrund welcher biographischen Primärquellen der Autor zu diesem Persönlichkeitsbild gelangt, bis nach weiterer Lektüre medizinhistorischer Abhandlungen sehr schnell klar wird, daß Meyer-Steineg einen biographischen Topos unbesehen übernahm. Zuletzt wird Brown „klug" mit der naturphilosophischen und

Broussaisschen Tradition identifiziert und in einem Zug mit abgelehnt. Dabei wird ein Bruch zwischen der jetzigen Medizin und ihrer Tradition in Kauf genommen, ja, der Bruch wird nicht einmal als solcher ausgewiesen. Brown und die Naturphilosophie befinden sich in einem medizinischen „Außen" — die medizinische Moderne hat nichts mehr mit ihnen zu schaffen. Man nabelt sich ab von dem ungeliebten Kind. Daß die moderne Pathologie sich in jenen tastend unsicheren Brownschen Versuchen nicht wiedererkennen möchte, scheint ein Stück ihrer eigenen positivistischen Geschichtslosigkeit zu sein: die Perpetuierung eines Mythos von der Zeitlosigkeit der modernen naturwissenschaftlichen Medizin — ohne Anfang und daher auch ohne Ende.

Auf solcher Basis, die wir bei Meyer-Steineg exemplarisch finden, lassen sich kaum mehr vernünftige medizinhistorische Analysen gründen. Die Äußerungen zu Brown werden in der Folgezeit immer seltsamer, fast dringt nur noch ein phantastisches Geraune über jenes sagenhafte System herüber in die Gegenwart. Shryock kennt Brown nur noch qua Widerlegung: „... die schnelle und strenge Kritik, der Browns Theorien nach dem Jahre 1800 sogar in Deutschland, Italien und den Vereinigten Staaten von Amerika unterzogen werden ..., (sind) Anzeichen eines wachsenden Mißtrauens gegen die Spekulation in allen fortschrittlichen Ländern. ... J. P. Frank fand das ganze System albern. ... Fast das gleiche gilt für die kritischeren Ärzte der nordischen Länder, wie Holland, Dänemark und Schweden. ... Der Brownianismus ... erlebt eine Blütezeit in Spanien, aber hier (war er) ebenfalls dem Spott intelligenter Ärzte wie P. Rodriguez ... ausgesetzt ...."[9] Eine Geschichte der „Widerlegung" des Brownschen Systems durch die „kritischen fortschrittlichen" Köpfe der Medizin?

In den heutigen medizingeschichtlichen Werken wird Brown meistens erwähnt, wenn auch sehr kurz und widersprüchlich. Mal ist er „Dynamist" und eher „humoralpathologisch" orientiert, dann steht er neben Stahl und Hoffmann in einer Reihe mit den „Vitalisten" (Lichtenthaeler). Erna Lesky nennt ihn einen „solidarpathologischen Vitalisten". Fischer-Homburger imponiert besonders die Therapie des „trunksüchtigen Schülers Cullens, John Brown", die vorwiegend in „kleineren oder größeren Dosen Alkohol" bestand. Diepgen begnügt sich mit der Aufzählung von „Fakten" und nennt ohne weitergehende Aussprüche auf Vermittlung eine Reihe von Begriffen: Sthenie, Asthenie, Reiz und Erregung. So wundert man sich kaum, wenn etwa Richard Müller in seiner Arbeit über den bekannten Kliniker Joseph Frank (1771—1842) eine mächtige Purifikationsbestrebung packt, in deren Verlauf er endlich nach 40 Seiten Frank vom Desaster Brown befreit hat: „Wir haben gesehen, wie Frank mit fortschreitender Reife der Brownschen Lehre immer kritischer gegenüberzustehen begann. ... Eine Reise nach England und Schottland sowie die Vertreibung aus Wien scheinen Frank entgültig von der Wertlosigkeit der Brownschen Lehre überzeugt zu haben, die — abgesehen vom Kampf gegen übermäßige Aderlässe — der Medizin nur Rückschritte gebracht hatte".[10] Müller arbeitet an Frank eine persönliche Wende heraus, die sehr viel allgemeiner ist. Etwa ab 1805 — zu der Zeit, als sich Frank von der Brownschen Lehre trennte — verliert sich der Brownsche Diskurs. Durch Röschlaub modifiziert und von Broussais assimiliert, werden seine Inhalte Allgemeingut und gehen darüber in ihrer Eigenständigkeit, in ihrer Verbindung zu der historischen Gestalt Browns verloren. Bei der Durchsicht der Hirschelschen Literatur findet man nach 1810 kaum noch eine Schrift, die sich direkt mit der Brownschen Lehre auseinandersetzt. Statt dessen wird Brown aufgenommen in die medizingeschichtliche Darstellung und markiert bei Autoren des frühen 19. Jahrhunderts wie Kieser, Leupolt und Wunderlich den Beginn der modernen Medizin.

3. Quellenlage

Angesichts dieser divergenten Meinungen und Einschätzungen ist es wohl gerechtfertigt, eine Rückkehr zu den Quellen anzustreben. Dabei spiegelt die Quellenlage das Desinteresse der Medizinhistorie an Brown bereits wider. Die meisten der ja keineswegs zimperlichen Urteile basieren auf einem Werk, den „Elementa medicinae", sicher Browns wichtigste, nicht aber einzige Schrift.[11] Eine kritische Analyse des Gesamtwerks, schon ein Verzeichnis seiner Schriften, blieb bislang ebenso Desiderat wie eine Auswertung und Hinzuziehung biographischer Primärquellen. Heutige Biographien greifen in der Regel auf Thomas Beddoes und seine im Anhang von Pfaffs Elementa-Ausgabe veröffentlichte Lebensgeschichte Browns zurück.[12] Selten wurde die zweite, wesentliche Ergänzungen enthaltende, Darstellung des Brownsohnes William Cullen Brown hinzugezogen — sie schied möglicherweise als schönfärberisch aus.[13] Unberücksichtigt blieben biographische Primärquellen, z. B. Briefe von und an Brown aus den Jahren 1782—85 (d. h. nach der ersten Elementa-Ausgabe), ferner spätere biographische Notizen der Browntochter Elisabeth über ihren Vater — alles dies ist in der Universitätsbibliothek in Edinburg vorhanden. Hinweise könnten ferner die Nachrichten im „Analytical Review" (die bereits Beddoes vorlagen) und „The Morning Chronical" geben. In letzterem hatte noch 1826 der Brownschüler Dr. James Mackintosh einen Artikel über Brown veröffentlicht, um eine Spendenaktion für dessen Tochter Elisabeth Cullen zu initiieren.[14]

Unberücksichtigt blieben daneben die Mitgliederverzeichnisse, Akten und Verhandlungen der „Royal Medical Society" in Edinburg, zu deren Präsident Brown dreimal (1773—74, 1776—77, 1779—80) gewählt worden war.[15] Dort hatten sich die Brownianer manche Duelle mit der Edinburger Schulmedizin geliefert, auf die sich auch die obengenannte Mitteilung in Baldingers Journal bezog.

Selbstverständlich steht und fällt der Wert solcher biographischer Quellen mit der Einschätzung des Brownschen Systems insgesamt. Um aber hierüber eine angemessene Beurteilung vornehmen zu können, sollte man wenigstens Browns zweite wichtige Schrift hinzuziehen: die „Observations on the principles of the old System of Physic". London 1787.[16] Es spricht viel dafür, daß Brown auch der Verfasser einer dritten Schrift ist, die er unter dem Namen seines Schülers Robert Jones veröffentlichen ließ: „An inquiry into the state of medicine, on the principles of inductive philosophy. With an appendix; containing practical cases and observations". Edinburgh 1781.[17]

Ein wesentliches, noch gänzlich unbearbeitetes Quellenmaterial ist uns mit etwa 2500 handschriftlichen Manuskriptseiten Browns an die Hand gegeben, die dieser in der Zeit von Januar 1767 bis April 1768 nach Vorlesungen von Cullen verfaßte. MS. 2082 weist im Heftdeckel die handschriftliche Notiz „Ex libris Joannis Brunii" auf, vereinzelt sind Seiten falsch oder nicht numeriert. Neben in flüchtiger Schrift notierten Mitschriften, die mit schottisch-dialektalen und lateinischen Termini durchsetzt sind, finden sich Zusätze, die von einer zweiten ruhigen Überarbeitung zeugen. MS 2081 enthält fünfzehn „Lectures" (die letzte unvollständig, die zehnte fehlt), die, mit dem jeweiligen Datum versehen, konkrete Fallberichte, ihre Therapie und Prognose, erörtern. Die Handschriften gliedern sich in drei große Gruppen:

1) Physiology Lectures (1); Januar bis Februar 1767; ca. 700 Seiten.
2) Physiology Lectures (2); November 1767 bis Februar 1768; ca. 1300 Seiten.
3) Clinical Lectures; Februar bis April 1768; ca. 500 Seiten.

Mit diesen ausführlichen Vorlesungsmitschriften schuf Brown einen Grundstock, der zumindest die Basis seiner späteren Repetitortätigkeit abgeben konn-

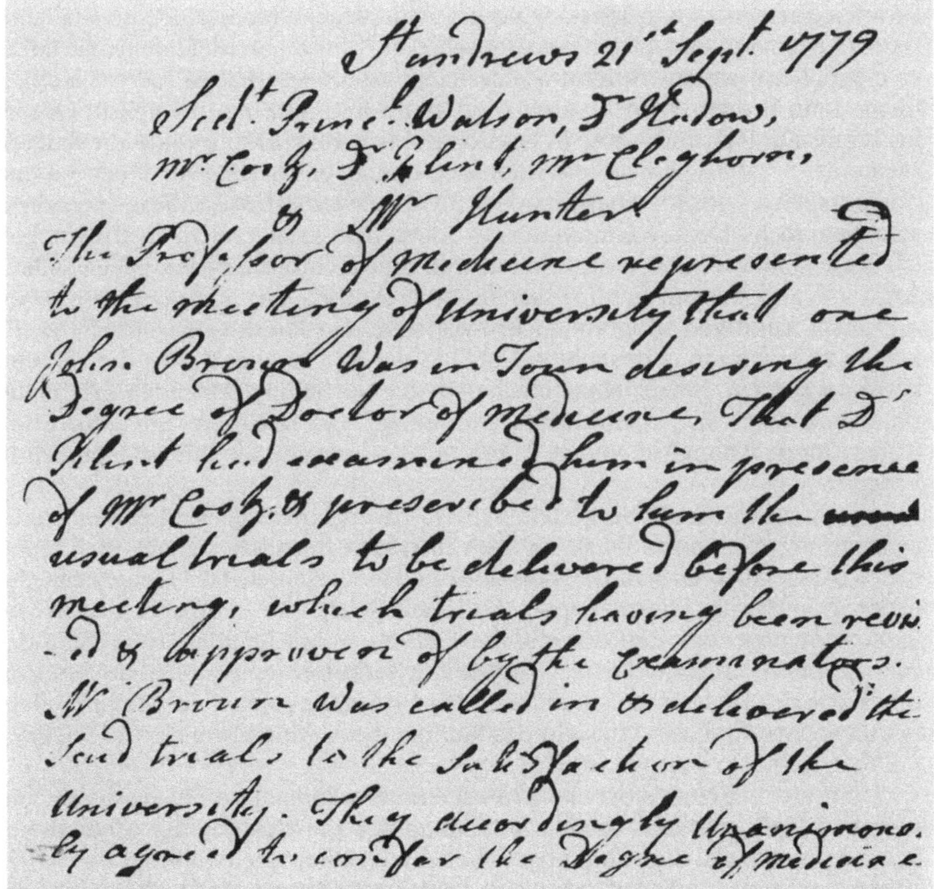

Abb. 1. Browns Promotionsnachweis, St. Andrews University. Minute entry relating to graduation of John Brown. St. Andrews University Library

te. Inwieweit sich hier die Beziehung zu Cullen reflektiert und Vorstufen, Vorwegnahmen der „Elementa" andeuten, das mag eine spätere Untersuchung erörtern.

Bislang unauffindbar blieb trotz intensiver Nachforschung eine dritte, von Brown als eigene anerkannte Schrift, seine Dissertation, mit der er am 21. September 1779 in St. Andrews promovierte. [19] Unbekannt ist der Titel dieser Arbeit, die weder in St. Andrews noch im Thesaurus medicus Edinburgensis noch in den Akten der Royal Medical Society of Edinburgh vorhanden ist und auf die sich nicht ein einziger bibliographischer Hinweis findet. Möglich, daß man am „Schottischen Firths" tatsächlich ein „Doctordiplom ... mit Browns Guineen umzutauschen" suchte, wie Beddoes vermutet.

Ebenfalls verschollen blieben „Dr. Browns medical lectures", nach denen Alex Johnson in seinem Brief vom 8. Februar 1785 an James Cumming fragt: „I have fought in vain for Dr. Browns medical lectures in the London Shops ...". Sie sollen vor 1785 in Edinburg in zwei Ausführungen erhältlich gewesen sein: „Summary Lectures" in Englisch und „those more extended in Latin". [20] Aber auch hier ist zu fragen, ob Johnson nicht bloß falsch informiert war und Browns „Elementa" und Jones' „Enquiry" mit diesen „medical lectures" identifizierte. Denn gut einen Monat später schreibt Johnson an McDonnel, nachdem er möglicherweise aus Edinburg eine Richtigstellung erhalten hatte: „He (gemeint John Brown, Anm. d. Verf.) has published nothing in English. One of his Pupils Dr. Rob Jones now in London published an Enquiry into the State of Medicine, 8°, 1781 which containes a summary of Dr. Browns Doctrine and was published with his approbation." [21] Ganz zweifelsfrei ist diese Hypothese allerdings nicht. Denn warum hätte Dr. Jones, der als enger Schüler Browns gelten kann, Johnson, den er in London traf, eine Fehlinformation geben sollen? Auf Jones aber bezieht sich Johnson in seiner Anfrage an Cumming.

Einem künftigen Biographen Browns sind also kaum Grenzen gesetzt. Er könnte z. B. den nie untersuchten Nachlaß der Brownschen Ärzte, die mit ihm korrespondierten, hinzuziehen. Nach dem zur Verfügung stehenden Briefmaterial kämen hier vor allem James Cumming, Alex Johnson, Sir John Eliot, Robert Jones, Adam McDonnel, James Mackintosh und Sir James Campbell in Frage. [22]

Abschließend ist auf eine letzte Arbeit Browns hinzuweisen, die, wenngleich nicht als eigenständiges Werk, so doch in engem Bezug zu seinem Werk gesehen werden muß. Es handelt sich um die 1774 erschienene Übersetzung der neuen Edinburger Pharmakopoe ins Lateinische, eine Aufgabe, die Brown unter Anregung und Einfluß William Cullens wahrscheinlich zu Anfang der 70er Jahre durchführte. Diese Übersetzung vermittelt einen annähernden Eindruck von der Sachkenntnis und Schulung Browns in Fragen der Heilmittellehre und ergänzt in dieser Hinsicht das therapeutische Spektrum der „Elementa", mit dem sie zu vergleichen ist. [23]

Künftige medizinhistorische Untersuchungen können, sofern sie die Bedeutung und Rolle des Brownschen Systems in der Entwicklung der Medizin adäquat einschätzen, diese umfangreichen Materialien nicht unbesehen lassen. Allein die Brown-Cullen Kontroverse kann im Lichte neuer Quellen eine größere Verständlichkeit der Hintergründe befördern und damit aus einer Psychologie persönlicher Animositäten herausführen.

4. Biographische Kurskorrekturen: Die Brown-Cullen-Kontroverse und ihr geschichtlicher Horizont

Ist es relevant, Brown so spät noch zu rehabilitieren? Ohne diese Frage letztlich entscheiden zu können, soll gezeigt werden, wie im Biographischen ein allgemeiner historischer Befund transparent wird. Beschränken wir uns auf ein Detail, die Auseinandersetzung Browns mit Cullen, die man gemeinhin als Undank des Schülers gegen seinen Lehrer gekennzeichnet hat. In dieser Beziehung die ausschließlich persönliche Differenz zu sehen, greift indes mit Sicherheit zu kurz. Vergegenwärtigen wir uns zunächst einige Stationen der Kontroverse, die immer weitere Kreise zu ziehen begann. Zunächst ist zu fragen, seit wann Brown undankbar gegen seinen Lehrer war. Denn ebenso verbürgt wie ihre spätere Feindschaft ist ihre vormals herzliche Relation. Cullen hatte seinen Lieblingsschüler zum Repetitor seiner Vorlesungen gemacht und ihm zahlreiche Lateinschüler vermittelt. [23a] Brown hatte die Zuneigung erwidert und drei seiner Kinder (geheiratet hat er 1765) nach Cullen benannt: William Cullen Brown, seinen Erstgeborenen, und zwei Töchter, Henry Cullen und Elisabeth Cullen. [24] Beide Männer profitierten von dieser Freundschaft. Brown hatte eine angesehene und einträgliche Stellung und erledigte Cullens ausgiebige lateinische Korrespondenz mit den zahlreichen medizinischen Gesellschaften Europas, deren Mitglied Cullen war; denn dieser besaß nicht die überragenden lateinischen Kenntnisse jenes.

Die erste nachweisliche Bekanntschaft der beiden späteren Kontrahenten ist durch die „class lists of Dr. Cullen" gut dokumentiert. Da Cullens „class lists" im Fach Chemie von 1755–1765 vollständig erhalten sind, steht zumindest der Zeitraum, in dem Brown die Übungen belegte, eindeutig fest. Am „20. October 1761" findet sich der auch in Zukunft jeweils mit einem Kreuz versehene Name „John Brown" in Cullens Handschrift. Bereits zum „January 7th 1761" wiesen ihn die Vorlesungslisten der Cullenschen Materia Medica auf. Der Eintrag in der Chemie wiederholt sich im darauffolgenden Jahr am 27. Oktober 1762, sowie am 26. Oktober 1763. Cullen notiert durch ein hochgestelltes „trd" hinter dem Namen Browns, daß dieser nun zum dritten Mal die Übungen besucht habe. Bis 1765 taucht der Name „John Brown" nicht mehr auf, danach fehlen mit den „class lists" die Beweisstücke. Brown hat demnach mindestens drei Semesterjahre Chemie bei Cullen gehört. Wahrscheinlich begann er sein Medizinstudium 1760, denn schon 1761 wird er in den Mitgliedslisten der „Royal Medical Society" geführt. [24a]

Mitte der 70er Jahre hören wir von einer deutlichen Trübung der Freundschaft. Anlaß war ein Berufungsverfahren auf den Lehrstuhl für Theoretische Medizin in Edinburg, der für einige Zeit verwaist gewesen war. 1773 war John Gregory gestorben. Sein Sohn James, der im Jahr danach promovierte und später den Lehrstuhl bekam, hatte eine Auslandsreise auf den Kontinent angetreten. Man suchte eine Vertretung. Um diese Interims-Professur bewarb sich Brown und verfertigte auf Anraten Cullens Vorlesungsskizzen. Diese „Lectures", die nun keinesfalls Cullens Doktrin repetierten, sondern erste Ansätze einer eigenständigen medizinischen Theorie darstellten und den Grundstein der späteren „Elementa medicinae" legten, scheinen der Ausgangspunkt einer Reihe empfindlicher Kränkungen für beide Männer gewesen zu sein. Den inhaltlichen Differenzen folgten die persönlichen. Cullen las die Ablehnung seiner Theorie und verhinderte seinerseits die Berufung Browns. Wenn man einer Anekdote Glauben schenken kann, die Beddoes und W. C. Brown übereinstimmend berichten, hat Cullen vor der ehrwürdigen Berufungskommission in breitem schottischem Dialekt ausgerufen: „Was, unser John will Professor werden?" Brown bekam die Professur nicht. Danach ist der Kontakt zwischen beiden abgebrochen. Noch aber ist Brown erfolgreich. Er findet neue Kontakte, ist keineswegs wissenschaftlich isoliert, auch wenn man ihm die Universitätslaufbahn verstellt. 1776 wird er erneut Präsident der Royal Medical Society und sichert sich damit ein medizinisches Forum. Er lebt vom Privatunterricht, den er an Medizinstudenten erteilt. [25] 1779 erhält er von der Universität St. Andrews den Doktorhut, ein Anlaß, der zum Triumphzug der Brownianer nach St. Andrews wird.

Ein Jahr später erscheint die erste Ausgabe der „Elementa medicinae". Der Kreis der Anhänger und Kritiker erweitert sich. Die Auseinandersetzungen verlagern sich in der Folge immer deutlicher von den Kontrahenten Brown—Cullen auf die der Brownianer und der Schulmedizin. [25a]

Und nochmals ist ein Stück mehr Öffentlichkeit hergestellt, als Brown im selben Jahr erneut Präsident der Royal Medical Society wird. Damit verbindet sich ein klares Votum für ihn und seine Lehre. Brown steht auf dem Höhepunkt seines Erfolges. Man diskutiert seine Lehre vor der Gesellschaft, wobei sie in zunehmend massive Opposition zur Edinburger Schulmedizin gerät — favorisiert von einem Kreis engagierter junger Ärzte und Studenten. Ein Gesetz, das von der Gesellschaft in der Folgezeit erlassen werden muß, läßt einen Rückschluß auf die Heftigkeit der Debatten zu: Akademie-Mitglieder, die Diskussionen durch Duelle beenden, werden künftig ausgeschlossen. Es zeigt, wie ernst die Kämpfe geworden waren! [26]

War die Brownsche Lehre im ersten revolutionären Elan in eine günstige Ausgangslage gelangt, konterte nun die Medizinische Fakultät aus ihrer souveränen Machtposition. Browns Lehre wird an der Universität Edinburg verboten. Dies schlägt sich nachprüfbar in den medizinischen Dissertationen nieder, die heute noch zugänglich sind. Zwischen 1780 (nach Erscheinen der „Elementa") und 1785 enthält keine der eingesehenen Dissertationen (dies sind rund 30 pro Jahr) auch nur eine Anmerkung zur Brownschen Lehre, die in Edinburg schlechterdings als bekannt vorausgesetzt werden muß! [27] Dieser Befund erhellt sich sogleich, wenn wir einen Briefwechsel zwischen Alexander Monro (Inhaber des Lehrstuhls für Anatomie und Chirurgie) und einem Doktoranden hinzuziehen, der eine Streichung von „Elementa"-Passagen reklamiert hatte. In seiner 1781 in Edinburg erschienenen Dissertation: „De Epilepsia" hatte John Wainman drei Paragraphen (§ 69—71) der „Elementa" zitiert, was ihm nicht gestattet wurde.

„Mein Herr, Ihre mir bisher erwiesne Gefälligkeit macht mich hoffen, daß Sie es verzeihen werden, wenn ich Sie jetzt mit einer Bitte beschwere.

Ich finde nämlich bey genauer aufmerksamer Durchsehung meiner Dissertation, die Anführung der von ihnen ausgestrichnen Stellen aus Dr. Browns Schrift, unvermeidlich.

Unter andern Gründen bitte ich sie die zwey folgenden in Erwägung zu ziehen:

1. Ohne dieselben nöthigt man mich, zum offenbaren Nachteil meiner Dissertation etwas anders zu sagen, als das, wovon ich überzeugt bin.

2. Man nimmt mir die, keinem andern Candidaten je verweigerte Freyheit jeden beliebigen Schriftsteller zu citiren; ein Vorrecht welches mir noch dazu von Dr. Gregory versprochen worden war.

Da ich meine Dissertation gerne sogleich zum Druck senden möchte, so werden sie durch eine baldige gefällige Antwort sehr verbinden
Ihren gehorsamsten Diener J. Wainman.“

Folgendes war die Antwort:

„Mein Herr, Ich strich ihre Citationen aus, so wie ich es oft mit ähnlichen Citationen andrer Candidaten that, nicht weil es die Meinung dieses oder jenes Doctors, oder dieses und jenes Professors war, sondern weil sie solchen Unsinn enthielt, der dem Candidaten, und folglich auch der Universität, die seiner Schrift die Genehmigung ertheilte, Schande zugezogen haben würde. Von dem Recht welches nach ihrer Meinung die Candidaten haben, die Meinungen jedes Schriftstellers, sie mag Sinn oder Unsinn enthalten, anzuführen, weis ich nichts, und ich bin entschlossen solchen Stellen kein Quartier zu geben, weder jetzt noch in der Folge.
(Unterzeichnet) Alexander Monro.“ [28]

Browns Antwort darauf ist die Offenlegung der Machtposition der Medizinischen Fakultät und ihrer Praktiken in der „Enquiry“ (1781). [29] Er bedient sich des Namens seines Schülers Robert Jones, um nicht als sein eigener Verteidiger auftreten zu müssen. Den Zeitgenossen und Biographen ist indes nie ein Zweifel über die Autorschaft Browns an der „Enquiry“ gekommen! [30] Ein Jahr später, 1782, erscheint, diesmal unter dem Pseudonym „Veri Amicus“, „Letter on the management of patients in the Royal Infirmary“. Diese Schrift, für die ebenfalls Brown als Verfasser in Frage kommt, ganz sicher aber stammt sie aus seinem nächsten Freundeskreis, kritisiert die medizinische Versorgung in den Hospitälern, die der alte Rivale James Gregory verantwortet. Die Antwort der Edinburger Schulmedizin läßt nicht lange auf sich warten. Andrew Duncan verfaßt noch im gleichen Jahr eine geharnischte Replik auf die „Enquiry“: „A Letter to Dr. R. Jones of Carmarthenshire“, der wiederum ein ungenannter Brownianer „Letter from Philalethes to Dr. Andr. Duncan“ entgegentritt.

An diesen Schriften soll uns nun weniger ihr überaus polemischer Inhalt beschäftigen. Bemerkenswert ist vielmehr die Tatsache, daß die Brownianer seit 1781 anonym oder unter wechselnden Pseudonymen publizierten! Denn dies hatte Konsequenzen. Es erschwerte dem Historiker den Zugang zu den Quellen und stiftete einige Verwirrung bereits unter den Zeitgenossen. Ein Teil des Brownschen Werks, das nicht mit dem Verfasser identifiziert werden konnte, fiel damit dem Vergessen anheim. Brown hat nur den „Elementa“ seinen Namen verliehen. Die „Observations“, die er noch zu Lebzeiten als eigene Schrift anerkennen konnte, versah er mit der Anzeige: „By a Gentleman conversant in the subject“, weshalb die Schrift recht selten zitiert und endlich fast völlig vergessen wurde. Daran änderte auch wenig ihre spätere Rehabilitierung in den gesammelten Werken.

Dieser verstummende Brownsche Diskurs spricht sehr beredt von einer polemischen Situation. Die Brownianer geraten ab 1781 nicht nur an der Universität in die Defensive. Das belegen die Geschehnisse in der Royal Medical Society, von denen nun die Rede sein wird. Es ist eine seltsame Ironie der Geschichte, daß die beiden einzigen Ereignisse, die die Akten der Gesellschaft in dieser Zeitspanne vermerken und damit heute noch zugänglich machen, vom Ausschluß der Öffentlichkeit handeln, deren Herstellung die Brownianer so stürmisch gefordert haben. Am 10. Februar 1781 wird ein Ausschlußverfahren gegen Dr. John Richard Martyn eingeleitet. Ihm wird vorgeworfen, „Anarchie" und „Konfusion" in die Debatten getragen und — indem er Material aus den Sitzungen der Öffentlichkeit zugänglich gemacht — die Gesellschaft der Lächerlichkeit preisgegeben zu haben. Auch soll er versucht haben, "to introduce new modes of settling differences in debate by appeals to the sword".[31] In seiner Verteidigungsrede attackiert Dr. Martyn die „Cullenians and their teachers": Er nennt sie despotische Lehrer, die die Freiheit der Forschung und Debatte („freedom of debate") unterbänden. Seinem drohenden Ausschluß zuvorkommend — die Brownianer befanden sich schon in der Minorität — tritt er freiwillig aus der Gesellschaft aus. Neun Tage danach stellt Charles Stuart, ein Schüler und Freund Dr. Cullens, den Antrag, daß künftig der Präsident nicht nur das Recht, sondern die Pflicht habe, "censure every personal, impolite, or disorderly expression, which may occur in the warmth of debate. ... The proposal was admitted as a law at the legislative meeting held on 7th April 1781." [32] Dieses Gesetz, das den internen Diskurs der Gesellschaft disziplinieren sollte, erwies sich durch einen neuen Vorfall sogleich als ergänzungsbedürftig. "The next threat to freedom of debate in the society arising out of the Brunonian controversy, was met with equal rigour an decision. An anonymous Brunonian had communicated to the Evening Post certain proceedings of the Society, which were published forthwith in that paper." In der „Medical Intelligence" betitelten Artikelserie schreibt der unbekannte Brownianer, die Gesellschaft übe eine zunehmend zensorische Praxis und lasse keine Verhandlungen über die neue Lehre zu. Anhand der Konferenzberichte belegt er die Einseitigkeit der zugelassenen Diskussionsbeiträge. Die Empörung der „Cullenian party" ist groß. "The Society adopted measure to detect the culprit and prevent further leakage of information." [33] Eine Kommission, der auch Robert Cullen, der älteste Sohn Cullens, angehört, kann aber nur einen Verstoß gegen die Publikationsrechte der Gesellschaft feststellen. Die Wiedergabe sei inhaltlich korrekt und wahrheitsgemäß. Auch diesmal vermerken die Aktenberichte den auffälligen Widerspruch, daß eine wahrheitsgetreue Wiedergabe als diffamierend empfunden werden konnte. Ein Zivilprozeß gegen den Verleger der Edinburgh Evening Post, Denovan Campbell — der Mittelsmann innerhalb der eigenen Reihen ist trotz intensiver Nachforschung nicht zu entdecken — bringt der Gesellschaft keineswegs den gewünschten Erfolg. Sie muß im Gegenteil einen Schiedsspruch Lord Hails hinnehmen, "that it was lawful for every one to publish an account of the enquiries and debate, concerning matters of science, unless such account were libellous or contrary to law." [34] Verleumderisch aber konnten die Veröffentlichungen der Evening Post schwerlich genannt werden, enthielten sie doch, wie die Gesellschaft zugab, nichts als die Wahrheit.

Da nun der Rechtsweg keinen Erfolg bescherte, ergriff man erneut interne Maßnahmen. In diesen ersten Märzwochen des Jahres 1784, nach Ende des Prozesses, wird, von der Majorität der Cullenianer gestützt, ein Vorschlag des derzeitigen Präsidenten Thomals Addis Emmet zum Gesetz, der die Verschwiegenheit der Mitglieder an einen Ehreneid bindet. Bezüglich der auswärtigen Zuhörer in den Debatten — man vermutete, daß dies die undichte Informationsquelle war — wurde eine heute noch gültige Regelung getroffen: "The Society gained from the controversy the law (now Law 53) by which the president asks for an assurance that no hostile meeting will take place if, in the heat of debate, one member utters a personality against another." [35]

Wir können also festhalten: Zwischen 1781 und 1784 geraten die Brownianer auch in ihrer „Hochburg", der Royal Medical Society, in arge Bedrängnis. Sie wagen nicht mehr den öffentlichen Auftritt und müssen gegen sie gerichtete Gesetze hinnehmen. Diese Gesetze lassen sich als externe Prozeduren begreifen, die den Brownschen Diskurs zum Schweigen bringen, und eine Verknappung zur Folge haben, die wir noch heute zu spüren bekommen. Gray, der sich an die Akten der Gesellschaft hält, resümiert: ". . . it is certain that, after 1784, the passions aroused by the Brunonian controversy subsided rapidly." Doch dies war kein stilles Vergessen, kein Vergessen, das man einer überholten Theorie angedeihen läßt. Wir stoßen vielmehr auf eine systematische Politik des Verschweigens, auf eine polemische Situation der Diskurse. Die neue Lehre hatte Tribut zu zahlen an den mächtigen institutionalisierten Diskurs der Schulmedizin. [36]

Aber wenden wir uns nochmals Brown zu, ihm als Person, den der Streit gebrochen und als bügerliches Individuum nahezu vernichtet hat. Zunächst einmal sinkt seine Schülerzahl mehr und mehr unter dem kaum verschleierten Druck der Schulmediziner. Damit versiegt gleichzeitig seine Einnahmequelle. Etwa ab 1783 finden wir ihn stetig auf Geldsuche, worüber der Briefwechsel der Freunde und Kollegen Auskunft gibt. Er scheint sich durchzuschlagen, kommentiert manchmal recht ironisch seine Situation.

„Lieber College, Ich befinde mich in einer drolligen Verlegenheit. Nachdem ich nun zwei oder drei Tage zuhause damit beschäftigt war, eine Gichtattacke abzuwehren, und deshalb auch nicht ausgehen konnte, um seit Wochen schon stündlich erwartetes Geld von verschiedenen Personen einzutreiben, da will ich eben zu diesem besagten Zweck das Haus verlassen, und siehe da, ich bemerke, daß für den Unterricht um 7 nicht mehr als 1 handgeschriebene Seite Text vorbereitet ist. Also muß ich zuhause bleiben und meinen Vorlesungsstoff niederlegen. Sie werden die Bedeutung dieser einleitenden Worte sicher verstehen. Wenn sie der Lady „primate" (Titel der Erzbischöfe) und ihren Bankerts mit 3 oder 500 Pfund aushelfen könnten, bis Seine Heiligkeit einen Moment Zeit findet, einige weltliche Güter nach Hause zu bringen, so wäre das eine vollendete und angemessene Verbindung der Tugenden eines Geldverdieners mit den sublimeren eines päpstlichen Gesandten. Ihr John Brown Dienstag 2 Uhr nachmittag Nidderys Wynd, 30. März 84" [37]. Die Satire wird eine wichtige Waffe in diesem Duell nicht nur der Geister. Eine Literarisierung findet sich in der sogenannten „Jatrologia", die eine doppelte Ironisierung der Schulmedizin enthält. Zum einen werden die „noslogischen Spitzfindigkeiten" der syste-

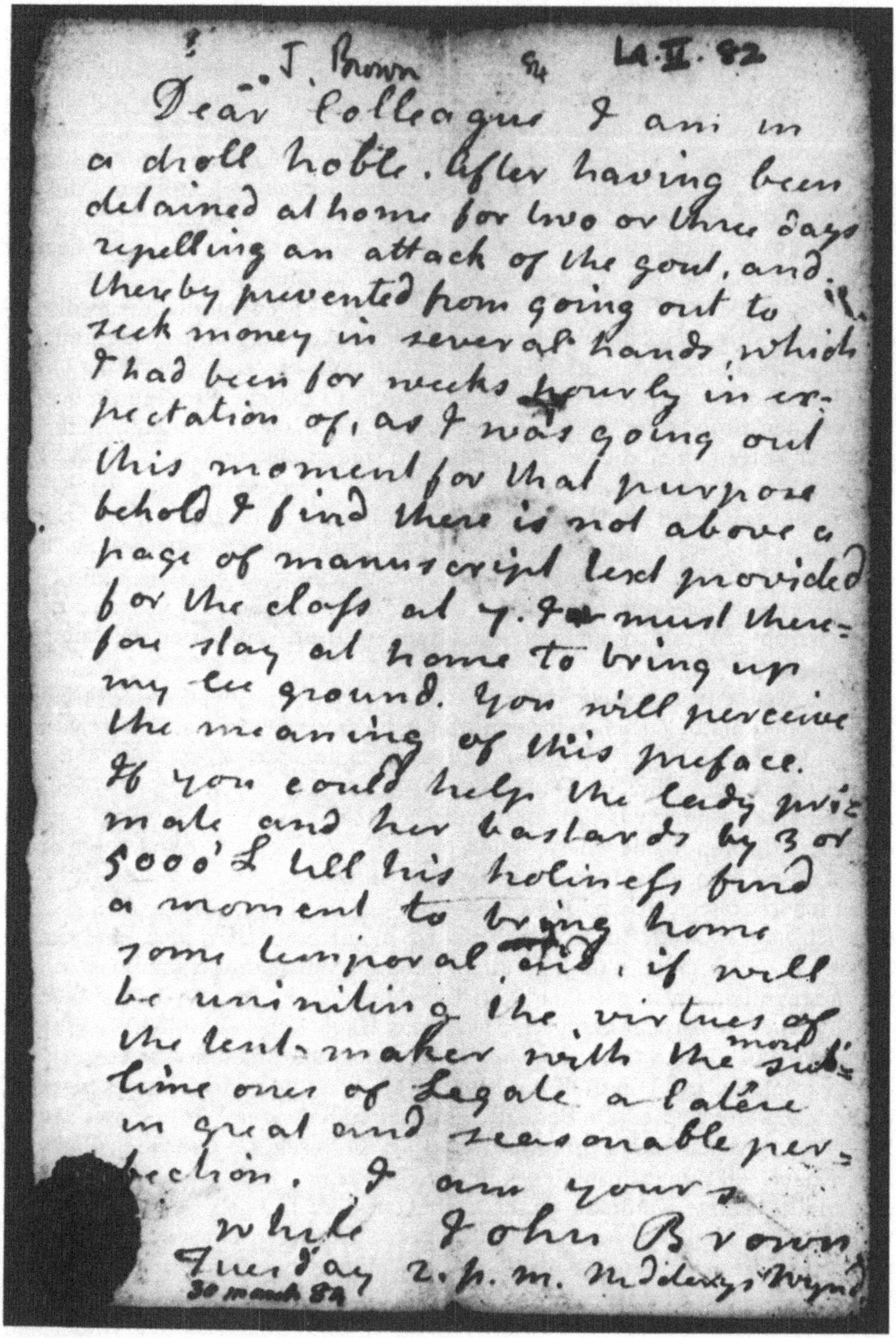
J. Brown 84 La. II. 82

Dear Colleague I am in a droll noble. After having been detained at home for two or three days repelling an attack of the gout, and thereby prevented from going out to seek money in several hands, which I had been for weeks hourly in expectation of, as I was going out this moment for that purpose behold I find there is not above a page of manuscript text provided for the class at 7. I must therefore stay at home to bring up my lee ground. You will perceive the meaning of this preface. If you could help the lady primate and her bastards by 3 or 5000 £ till his holiness find a moment to bring home some temporal aid, it will be uniniting the virtues of the text-maker with the most sublime ones of Legate a latere in great and seasonable perfection. I am yours

while John Brown

Tuesday 2. p. m. Middleton's Wynd

30 march 84

Abb. 2. Brief, John Brown an James Cumming, vom 30. März 1784. Edinburgh University Library La II 82/4 matischen Schulen aufs Korn genommen, wobei möglicherweise Cullens „First Lines of the Practice of Physic" als Vorbild gedient haben. Zum anderen klingt eine Attacke gegen den ärztlichen Stand an, die „Beutelschneider" und „medizinischen Mörder", wie sie Brown später in den „Observations" hart und kompromißlos nennen wird. [38] Das Ende des Streits sei kurz erzählt. Brown gerät in immer größere Geldnöte, da seine Vorlesungstätigkeit immer weniger einbringt. Ein Ruf an die Universität ist ferner denn je, und seine ärztliche Privatpraxis zählte nie viele Patienten. Die medizinisch-literarische Tätigkeit bringt ebenfalls nicht genügend Geld ein, um die mittlerweile achtköpfige Familie zu unterhalten. Überdies erfahren wir, daß er zu trinken begonnen hat und Opium nimmt. Schließlich können ihn die Freunde nicht länger halten. Seine Schulden bringen ihn ins Gefängnis, aus dem er allerdings bald durch die großzügige Spende Lord Gardenstones freikommt.

Brown verläßt Edinburg. In London will er eine neue Existenz beginnen. Er denkt an eine Auswanderung nach Amerika; von einem Ruf nach Berlin ist die Rede. Hier in London schreibt er die „Observations", in denen er die Schulmedizin noch einmal schonungslos angreift. Unter den Ärzten, so hören wir, gibt es „keine Vereinigung zur Behauptung einer gemeinsamen Sache; keinen vesten Plan, als den auf die Geldbörsen ihrer Kranken. [39] . . . Von den schulmäßig erzogenen privilegierten Ärzten (the regulars) besaßen nur wenige Gelehrsamkeit und Scharfsinn . . . die Eigenschaften der größren Menge, waren von jeher: ein bloßer Schein von Wissenschaft, oder Kenntnisse in den unnützbaren Theilen der Medicin z. B. der Botanik, und andern Zweigen der Naturgeschichte; schlaues Streben nach dem Ruf eines geschickten Arztes, und Ränke um ihre Collegen um Ruf und Ansehen zu bringen. Sie widersetzen sich den Fortschritten ihrer Wissenschaft, verfolgen den, der neue Entdeckungen macht . . .". [40]

Verlassen wir damit den „Edinburger Kreis". In den 90er Jahren geht das Brownsche System um die Welt, und hier wiederholen sich genau dieselben Kämpfe mit der etablierten Schulmedizin. In Pavia schützen Joseph Frank weniger seine Argumente für die Brownsche Lehre als der berühmte Vater. [41] Röschlaubs Bamberger Dissertation „De febri" wurde, wenn schon nicht abgelehnt, so doch mit einem deutlichen Vorwort versehen, das selbst Girtanner einigermaßen in Erstaunen versetzte: „Interessant ist es, in der Vorrede zu lesen, wie der Hr. Preses und die übrigen Professoren zu Bamberg öffentlich versichern lassen, daß sie an den Ketzereien, welche der Kandidat vortrage, keinen Antheil nähmen." [42]

Die Würzburger Universität beeilt sich, Brownsche Umtriebe unter den jungen Studierenden zu dementieren, und läßt deshalb in die Salzburger Medizinisch-Chirurgische Zeitung 1796 folgende Nachricht einrücken: „In der allgemeinen Literatur-Zeitung Oktober 1795 no 247 hat der Rezensent des Brownschen Systemes der Arznei-Lehre sich geäußert: er habe (sic!) sehr erstaunet, daß dieses System anfange, auf unser Akademie sehr beliebt zu werden. Wir halten es für Pflicht, die Würzburger Akademie öffentlich gegen diese Unwahrheit zu vertheidigen, und können den Hrn. Rezensenten versichern, daß dieses System auf unserer Akademie nicht nur nicht beliebt ist, sondern daß es vielmehr den angehenden Aerzten als eine gefährliche Klippe geschildert wird." [43]

Die Medizinische Fakultät zu Paris erhebt sogar die Forderung nach dem Verbot der Brownschen Lehre, allerdings erfolglos. Interessant ist auch das

Schicksal der Brownschen Lehre in Wien, wie es Erna Lesky herausgearbeitet hat. Johann Peter Frank hatte in Wien mit der Brownschen Therapie ausgezeichnete Erfolge erzielt, die ihrer Ausbreitung förderlich war: „So griff denn die Brownsche Bewegung gerade wegen der glücklichen therapeutischen Konsequenzen, die Frank aus ihr gezogen hatte, in Wien immer mehr um sich." [44] Man organisierte sich in zahlreichen Zirkeln, um Browns Lehre zu studieren, wies gründliche Krankengeschichten vor, die selbst die Gegner zur Kenntnis nehmen mußten. „Um 1800 hat sich aber bereits auch die Reaktion gegen den Brownianismus in Wien konsolidiert. Was allerdings von ihr an Gegenschriften an die Öffentlichkeit trat, bezeugt mit einer Ausnahme — es ist dies Ph. C. Hartmanns Kritik — nur die Tatsache, daß die Wiener Schule ihre besten Köpfe bereits an den von Frank beschützten Brownianismus verloren hatte." Interessant, weil exemplarisch, sind auch hier wieder die von der Schulmedizin in der Person des kaiserlichen Leibarztes Stifft, eines Verfechters der alten Stoll-Tradition, verbreiteten Diffamierungen, die ähnlich denen von Edinburg und Paris ein sehr persönliches Gepräge besitzen. Der „Empfänger" ist nun nicht mehr Brown selber, sondern Frank. „Unter seinem Direktorat sei im Allgemeinen Krankenhaus durch die Brownsche Heilmethode die Sterblichkeitsziffer um ein Beträchtliches gestiegen, unter den reichlichen „stärkenden" Weingaben lägen dort die Patienten besoffen dahin oder stürben gar im Rausche. Zwar wurden diese Auswürfe durch Joseph Frank bzw. Thomas Cappelini an Hand der statistischen Unterlagen widerlegt; aber was half dies in einem Klima . . ., das in Gall nur mehr den gefährlichen Materialisten sehen konnte und den Brownianismus geradezu zum medizinischen Jakobinertum stempelte. „Führten die Jacobiner nicht die nämliche Sprache von den französischen Thronumwälzern", wie die neuerungssüchtigen Anhänger des medizinischen Revolutionärs Brown?" [45] So wurde die anfänglich medizinische Kontroverse „Hie Brownianer: hie Stollianer" allmählich ein Politikum, das die beiden Frank 1804 mit dem Weggang aus Wien quittierten.

Einen bemerkenswerten politischen Einfluß indes soll Brown — so Lesky — besessen haben: Via Frank habe Browns Theorie vom biologischen Gleichgewicht zwischen Reiz und Reizbarkeit auf Clemens von Metternich und seine These vom Gleichgewicht im Staate gewirkt. [46] Eine Parallele stellt sich sogleich in Frankreich her durch Comte und Fouquier, den Leibarzt Louis Philipps [47], die Browns System ins medizinische (Claude Bernard) wie politische „juste milieu" geleitet. In Brown, so mag es scheinen, fanden die bürgerlichen Prinzipien ihren medizinisch korrektesten Ausdruck. [48]

Abschließend und überleitend ist zu fragen, welche theoretischen Ursachen den Kontroversen des Brownschen Systems mit der Schulmedizin zugrunde liegen? Woher kommt die oft persönliche Betroffenheit und die ganze Härte der Auseinandersetzungen? Welche medizinischen Inhalte verbergen sich hinter der Debatte, die überall ein Politikum wurde, und warum drängte sich den Zeitgenossen immer wieder der Gedanke auf, mit dem Brownschen System begänne eine neue Epoche der Medizin, sei eine Revolution vollzogen?

Röschlaub hat dies ganz enthusiastisch formuliert: „Sollte ein geistreicher Schriftsteller irgend berechtiget gewesen seyn, zu sagen, die drei größten Tendenzen unseres (d. h. des verlaufenen Jahrhunderts) seyen die französische Revoluzion, Fichte's Wissenschaftslehre und Wilhelm Meister; so hätte er, meinem Dafürhalten nach, wenigstens, als die vierte derselben, John Brown's Elementa nennen sollen." [48a]

5. Rezeptionswege

Wirft man die Frage auf, ob und wie die Brownsche Lehre sich den Inhalten der modernen naturwissenschaftlichen Medizin annäherte, so hat man zunächst den Befund zu vergegenwärtigen, daß Brown dem Gros der Mediziner der zweiten Hälfte des 19. Jahrhunderts kaum mehr als ein Name war, mit dem sie ein „medizinisches Atlantis" verbinden konnten. Claude Bernard kennt Brownsche Ideen einzig im Gewand Broussais'scher Terminologien — Virchow, der sich nachhaltiger mit dem Reizbarkeitsbegriff befaßte und Browns Verdienste mehrfach würdigte[48b], bespricht ihn wohlwollend, wenngleich nicht unbeeinflußt von den herben Kritikern der sog. empirischen Medizin. Diese empirische Medizin, die etwa zwischen 1820 und 1850 auch in Deutschland tonangebend wurde, von Rothschuh als „Biedermeiermedizin" bezeichnet, nahm in Brown vorwiegend den Theoretiker der heftig bekämpften romantischen Medizin wahr, was verhinderte, daß sie deutlicher eine tendenziell ähnliche positivistische Methodik bemerkte. Völlig anders liegen die Verhältnisse in der Frühphase der Brownrezeption. Sieht man einmal von den z. T. beachtlichen regionalen Differenzen ab, die die Rezeption auf wenige Hochburgen in Norditalien und Deutschland zu begrenzen scheint, ein Bild, das durch die Breite der Brown-Diskussion in den medizinischen Journalen wieder etwas korrigiert wird, so darf die divergente Aufnahme der Brownschen Lehre in Deutschland und Frankreich ein weitergehendes Interesse beanspruchen, verbergen sich doch darin heterogene Entwicklungslinien beider Länder.[49] Ein unterschiedlicher Empirisierungsgrad der Medizin führte in Frankreich sehr frühzeitig zur Ablehnung der Brownschen Theorien, ein Prozeß, der in Deutschland erst später einsetzt. Hier sorgten zunächst Naturphilosophie und Romantik für eine breite Popularisierung. Novalis und E. T. A. Hoffmann verwenden Brownsche Ideen zustimmend in literarischen Werken, Kotzebue, der die Doktoren „Reiz" und „Potenz" am Krankenbett über Sthenie und Asthenie streiten läßt, zeigt schon die kritische, ins Groteske weisende Distanz einer Verfallsphase. Die Behauptung ist jedoch nicht übertrieben, daß es um 1800 wohl kaum einen deutschen Arzt gibt, der über Zeitschriftenlektüre oder Studium nicht einige Grundzüge der Brownschen Lehre mitbekommen hätte. Dieses umfangreiche Netzwerk des Brownschen Diskurses in Deutschland wurde in einer Reihe von Einzelstudien gewürdigt. Entsprechende Untersuchungen zu Brown und Humboldt[50], sowie Schelling[51], Novalis[52], Hegel[53], Röschlaub[54] und Frank liegen vor, weshalb man hier gleich weiterschreiten darf.

Seltener wurde die Aufnahme Browns in Frankreich beachtet, obwohl ein Einfluß auf Broussais und seine physiologische Medizin zweifelsfrei feststeht. Auch den näheren Gründen der geringen Wirkung — diese ist ja kein Geheimnis — schenkte man keine Aufmerksamkeit. Ernstgenommen werden muß das verständige Urteil Leibbrands, der die fehlende Breitenwirkung auf den Vitalismus Montpelliers zurückführte, der in jenem den künftigen Kontrahenten verspürte. Dies um so mehr als sich Leibbrand, nicht vom Etikett des Reizbarkeitsbegriffs getäuscht, zu Recht auf den Antivitalismus Browns beruft. [55]

Doch gibt es gewichtigere und weitreichendere Hemmnisse, die dem Brownianismus in der französischen Medizin entgegenstanden. Das Brownsche System widerspricht, wiewohl sein methodischer Ansatz das Gegenteil nahelegt, in weiten Teilen — und sicher in den damals in Frankreich bekannten — den Zielen der Medizin, die sich nach den Ereignissen der Revolution langsam durchzusetzen begann.

In den „Briefe(n) eines Arztes" aus dem nachrevolutionären Paris berichtet ein Augenzeuge, Georg Wardenburg, dessen ganze Sympathien der jungen analytisch-pragmatischen Klinik gelten, über die Auseinandersetzung um den Brownianismus, wie sie sich in den medizinischen Schulen und Gesellschaften abspielte. Ein Grieche namens Rizo, so Wardenburg, importierte den Brownianismus aus Italien, wo er eine Zeit lang bei Frank in Pavia gelernt hatte. Rizo verkehrte öfter im Pariser Hospital Val-de-Grâce, dessen Chef Desgenette er immerhin zur Lektüre veranlaßte. Ansonsten wurde Rizos kleine Schrift eher vergessen, als daß sie „im ächten Factionstone eines Systematikers" vorgetragen war.

Nachhaltiger wirkte jene sorgfältig abwägende Schrift: «Analyse raisonnée du système de John Brown, concernant une méthode nouvelle et simplifiée de traiter les maladies en général, appuyée de différentes observations», Paris 1798, als deren Verfasser ein gewisser Rudolph-Abraham Schiferli auftrat, ein Schweizer, der kurz zuvor in Jena promoviert hatte. [56] Ein zweiter Deutschlandtransit kam durch Alexander von Humboldt zustande, dessen enge Verbindung zu den Pariser naturwissenschaftlichen Gesellschaften bekannt ist. [57] Mit Schiferlis zur informativen Aufklärung gedachten Schrift, die Vorbehalte nicht verheimlicht, beginnt die ernstzunehmende Diskussion um die Brownsche Lehre, von der eine komplette französische Werkausgabe bezeichnenderweise nie vorgelegt wird. [58]

Die Schrift Schiferlis wird fast zur gleichen Zeit in der Société de Santé und dem Institut National, der früheren Academie Royal, hier vor der „classe des physique et mathematiques" [59] verhandelt. Die Chemiker Fourcroy und Berthollet, wie Lavoisier engagiert an einer modernen Klassifikation und auf dem Weg zu einer quantitativen Affinitätenchemie, woraus sich möglicherweise ihr Interesse an Browns gleichgearteten medizinischen Versuchen herleitet, verteidigen die Brownsche Lehre. Man beauftragt den Bürger Desessartz, der gerade durch seine großen Untersuchungen über die Varicellen hervorgetreten ist, mit einem Auszug aus Brown. Die Société de Santé ernannte sogar eine eigene Kommission unter Leitung von Gilbert, die eine Prüfung der praktischen Anwendung des Brownschen Systems vornehmen sollte. Wenig später veröffentlicht Gilbert, der seit 1796 Chefarzt der Armee und Professor in Paris ist, eine umfassende „Analyse de la doctrine de Brown." [60] Noch im selben Jahr liegt beiden Gesellschaften eine dritte Schrift über Brown vor: „Exposition d'un système plus simple de médecine, ou Eclairissement et confirmation de la nouvelle doctrine médicale de Brown ... par J. B. F. Léveillé, membre de la société de médecine de Paris et la plusieurs autres sociétés savantes." [61] Im Anschluß an Léveillé druckt das Zentralorgan der Société de Santé, die „Recueil périodique", eher aphoristische als zuverlässige „Notice historique sur la traduction de Brown." [62] Der letzte Band des Jahres VI enthält die Besprechung einer Brown-Kritik aus dem italienischen Sprachraum: „Réflexions critiques sur le systême de Brown". Auf die genaueren Kenntnisse der italienischen Ärzte hinweisend, ergreift der Rezensent Partei für Carminati und gegen die italienischen Brownianer Rasori und Moscati. [63]

Nach anfänglich zustimmender Aufnahme, die sich in einer kurzfristigen Publikationswelle niederschlägt, wird eine Reserve gegenüber der Brownschen Lehre im zweiten Studium unübersehbar. Zunehmend publiziert man kritische Stimmen aus dem Ausland, das über eine längere praktische Erfahrung mit der neuen Lehre verfügt. Die Einwände, die übereinstimmmend von den profiliertesten Vertretern der französischen Klinik erhoben werden, konzentrieren sich auf zwei Punkte: Der vorwiegend hypothetische, nicht empirische Charakter, also der systematische Aspekt, wird kritisiert, das Fehlen einer eingehenden Beobachtung am Krankenbett beklagt. Von daher erklärt sich das Urteil, das Brownsche System sei eine reine Theorie, der praktischen Heilkunde nicht förderlich. Es verfiel dem Verdikt, das wenig später Corvisart formulieren sollte: „Die Theorie verstummt oder verflüchtigt sich fast immer am Bett des Kranken oder sie wird ohnmächtig, um der Erfahrung ihren Platz abzutreten". [64] Der wahre Arzt, so Gilbert, Pinelscher Methodik getreu, kennt alle Systeme, ohne sich an eines ausschließlich zu halten. Er ist Eklektiker und prüft am „Probierstein der Beobachtungsheilkunde".

Eine ablehnende Haltung nach spontanem Interesse nimmt auch die dritte medizinische Gesellschaft, die Société d'emulation, ein, deren erster Präsident Desgenette mitlerweile ins Lager der entschiedenen Gegner abgewandert ist. Die Kritik der Société d'emulation ist bedeutsam, da sie das Meinungsbild am Hospital Val-de-Grâce widerspiegelt — neun ihrer Gründungsmitglieder sind dort ärztlich tätig.

Auffällig bleibt, weshalb die einschlägigen Schriften und Voten sorgfältiger nachgewiesen wurden, daß die Brownrezeption in Frankreich geradezu „Tertiärliteratur" heranzieht, die über den Jenaer Kreis und, unabhängig davon, durch die napoleonischen Feldzüge in Italien nach Paris gelangt. Es gibt keinen Hinweis, daß die Werke Browns im Original gelesen, noch englische Sekundärliteratur herangezogen wurde. In dieser Tertiärrezeption bilden die Urteile der bedeutenden französischen Kliniker keine Ausnahme, wie Pinel mit seinem Artikel „Brownisme" im „Dictionnaire des sciences médicale" hinlänglich beweist. Mangels Nachfrage scheint Léveillé eine Übersetzung der „Elementa" abgebrochen zu haben — die spätere Fouquiers kam eigentlich schon post festum. Anhänger fand Brown außer unter den Naturwissenschaftlern bei den napoleonischen Militärärzten, die überwiegend Chirurgen waren, ganz im Gegensatz zu Deutschland, wo die Wundärzte eher unter die vorsichtigen Mahner gezählt werden müssen. [65]

Gilberts und Desessartz' gemeinsam erstatteter „Rapport sur un ouvrage intitulé: Doctrine médicale simplifiée, ou eclaircissement et confirmation du nouveau systême de medecine de Brown" [66] bezeichnet insofern fast schon den Endpunkt der kaum einjährigen Brownrezeption.

Hatte sie trotzdem Auswirkungen? Wodurch begründet sich inhaltlich die geschilderte Ablehnung? Um dies besser einschätzen zu können, ist es notwendig, sich Klarheit über die Bedeutung der „Organe" zu verschaffen, in die die Brownsche Lehre, wenn auch sporadisch, Eingang gefunden hatte. Welches Gewicht, welchen Einfluß innerhalb der medizinischen Ausbildung besaß eine Institution wie die Société de Santé oder das Institut National?

Die Revolutionszeit hatte auch im medizinisch-wissenschaftlichen Bereich einen bedeutenden institutionellen wie inhaltlichen Umschichtungsprozeß zur Folge. [67] Inhaltlich war entscheidend die Akzentverschiebung auf eine empirisch-handwerkliche Heilkunde, die institutionell die Reform der alten „gothischen" Universitäten forderte. „Wenig lesen, viel sehen, viel machen, sich in der Praxis selber betätigen, und zwar am Bett der Kranken", so lautete die Losung, die auf die traditionellen Medizinischen Fakultäten verzichten wollte und maßgeblich an ihrer Auflösung im August 1792 beteiligt war. [68] Der Bedarf der Revolutionsheere tat ein übriges, indem er Praxisnähe und Handeln statt Bücherwissen verlangte.

Bald mehrten sich indes Hilferufe aus der Provinz, die ihre besten Ärzte an die Armee verloren hatte und nun einem Heer von Scharlatanen ausgeliefert war. So berichtete der „Rapport au Conseil des Cinq-Cents" nach Paris, daß ein „Heilkundiger" in Creuse seinen Patienten Arsenik zur Darmreinigung verabreiche. [69] Diese und ähnliche schwerwiegende Klagen legten es nahe, Maßnahmen zur Kontrolle der ärztlichen Kenntnisse einzuführen, die einen wirksamen Schutz der Patienten garantierten. Neben der Notwendigkeit ärztlicher Prüfungen erwies es sich als unabdingbar, die praktischen Erfahrungen in ein theoretisches Wissen einzubetten. Der Aufwertung der Praxis mußte ein Zuwachs an theoretischen Studien entsprechen, keinesfalls eine Minderung. Indem damit die Theorie in den Dienst der Praxis genommen und die Reorganisation des theoretischen Unterrichts begonnen wurde, war der Hörsaal als gleichberechtigtes Element neben dem Krankenbett (wieder) eingesetzt. Eine Wiederherstellung der alten Universität fand jedoch nicht statt, denn es blieb ein berechtigtes Mißtrauen, ob diese Institution die erforderliche Praxisnähe besäße. Für die kurze Zeit des „Interregnums" fungierte die Armee als Medizinschule der Nation, eine Aufgabe, der sie bis in die Kaiserzeit verbunden blieb. Dann bestimmte das Gesetz vom 14. Frimaire des Jahres III den Ersatz der universitären Einrichtungen durch spezielle „Ecoles de Santé", beschränkt zunächst auf Paris, Montpellier, Straßburg und Bordeaux. Am 2. Germinal des Jahres IV wurde als erste die „Ecole de Santé de Paris", die spätere „Société de Santé" ins Leben gerufen. Mit den „Ecoles de Santé", die in erster Linie Militärärzte heranzubilden hatten, vollzog sich in Frankreich die offizielle Gleichstellung der Chirurgie mit der Inneren Medizin, was die Aufwertung einer empirisch-handwerklichen Medizin unterstreicht. In den „Recueil périodique", dem Journal der Société de Santé, finden sich die programmatischen Sätze: „Die Medizin gründet sich auf Regeln, denen allein die Erfahrung als Basis dienen kann. Um sie zu sammeln, braucht man die Zusammenarbeit der Beobachter". [70]

Durch das Gesetz vom 3. Brumaire des gleichen Jahres, das die Belange der höheren Lehre in Frankreich neu organisierte, wurde das hier ebenfalls interessierende Institut National als führendes wissenschaftliches Gremium nicht nur in die Erbschaft der Academie Royal eingesetzt, sondern mit einer zuvor unbekannten Zentralstellung versehen. Die Medizinische Fakultät führte neben diesen Institutionen bis weit in die napoleonische Ära ein Schattendasein. [71]

Vor diesem Hintergrund, der nur ein knapper Abriß sein kann, mag die eingangs gestellte Frage nach der Brownrezeption zufriedenstellend beantwortet werden. Brown wird im Frankreich der Revolutionszeit in den führenden „Organen" der Wissenschaft diskutiert. Die Zeitverzögerung der Aufnahme seines Werkes (1797) von einigen Jahren gegenüber Deutschland (hier ab etwa 1792) geht auf das Konto der Revolutionswirren, die die wissenschaftliche Lektüre zunächst zurückstellten. Damit ist jedoch bereits ein Hinweis auf die vergleichsweise geringe Resonanz gegeben, die daher rührt, daß Brown zu einer Zeit und einer Ärztegeneration gelesen wird, die sein Anliegen einer empirischen Medizin voll und ganz zu ihrer Sache gemacht hatte, mehr, die im Begriff stand, inhaltliche wie institutionelle Konsequenzen zu ziehen, die ein dem 18. Jahrhundert zuneigender Brown nicht ahnte. Sein Programm, den Ideen der „Ideologues" um Cabanis, Condillac und DeTracy verwandt, wurde bei ihnen schon reichlich Tat, weshalb er wenig, überdies bloß theoretisch Ungeliebtes beisteuern konnte. Trotzdem läßt sich über die Generation der Militärärzte und die Naturwissenschaftler der Akademie ein die persönliche Kontinuität wahrender Faden der Brownrezeption spinnen. Denn Gilbert, ein Kenner des Brownschen Systems, ist von 1796 bis zu seinem Tod 1812 Arzt am Hospital Val-de-Grâce, jenem Militärhospital, an dem später Francois J. V. Broussais so erfolgreich wurde, der 1798 in Paris sein Medizinstudium aufgenommen hatte. Broussais aber spielt in der Brownrezeption eine bemerkenswerte Schlüsselrolle. Wir dürfen annehmen, daß ihm sozusagen gleich zu Beginn seiner medizinischen Studien das Brownsche System bekannt war. Ebenfalls zu dieser Zeit in Paris, und seit 1799 Medizinstudent, ist der junge Magendie, Zögling des großen Akademiemitglieds Laplace. Magendie wie Broussais war somit der öffentliche Vortrag Gilberts zugänglich, den dieser im Jahr VII (1799) vor der Société de médecine hielt: „Les théories médicales modernes comparées entr'elles et raprochées de la médecine d'observation." [72]

Broussais eine einfache Fortsetzung Brownscher Lehrsätze zu unterstellen, verbietet die bereits geschilderte Stimmung unter den französischen Medizinern ebenso wie die bonapartistische Polemik, in der er Brown einen Söldner Englands schimpft. Wenn Broussais trotzdem nachhaltig eine Reiz-Erregungs-Theorie seiner Lehre von den Sympathien zugrunde legt, so verschweigt er durchgängig seine Quellen. Es gibt, so darf man annehmen, eine Brownrezeption in Frankreich, allerdings eine, im Unterschied zu Deutschland, verschwiegene: via negationis. Broussais wird insofern der Angelpunkt der Brownrezeption, weil sich mit ihm noch Claude Bernhard und Virchow fundiert auseinandersetzen. [73]

Claude Bernard begrüßte vor allem den Kampf gegen die Hippokratiker und den therapeutischen Skeptizismus, Positionen, die Broussais mit Brown teilt. Den Weg von Broussais zu Comte und zurück in die Medizin zu Claude Bernard hat Georges Canguilhem sehr feinsinnig und ausführlich gewürdigt, so daß hierzu der einfache Verweis genügt. [74]

Um Virchow und Broussais hat sich besonders Ackerknecht verdient gemacht. „Virchow praised the localism of Broussais", so Ackerknecht. „As a matter of fact Broussais' influence on Virchow is much more extensive and is easily perceived in his concepts of pathological physiology, antiontology, irritation and phtisis to the extent that Bouchut could claim not without a certain justification that much of Virchow's work was a microscopic extention and confirmation of Broussais ideas." [75] Dieser Ansicht wird man zustimmen dürfen, wenn man einschränkt, daß Virchow ein um den empirisch-naturwissenschaftlichen Faktor „vergrößerter" Broussais geworden ist; denn Broussais, obgleich mit ihm die klinische Medizin zur Entfaltung kommt, bietet auf der anderen Seite eine systematische, eben brownianisch inspirierte, Pathophysiologie. Virchow selbst äußerte sich über Broussais: „Wir sind weit davon entfernt, in das allgemeine Geschrei gegen diesen (Broussais, Anm. d. Verf.) für die Entwicklung der modernen Medicin so verdienten Mann einzustimmen, der zuerst mit Bewußtsein die Aufgabe verfolgt hat, die Krankheit zu localisieren. In seinem Wege fortschreitend haben namentlich Schönlein und neben ihm Heusinger in Würzburg ihre anatomische Richtung der pathologischen Forschung weitergeführt, und erst an ihre Leitung hat sich die definitive Begründung dieser Forschung durch Rokitansky in Wien angeschlossen …". [76] Virchows pathologisch-anatomisches Interesse läßt ihn allerdings nicht Broussais' Hauptverdienst erkennen, die „physiologische Medizin", die somit Bernard zufällt. Seltsamerweise tadelt er Broussais' Ontologismus, was ausgesprochen absurd ist; denn Broussais, wie vor ihm Brown, war ein äußerst entschiedener Antiontologist, ein Umstand, der beide zu bedeutsamen Fehlleistungen geführt hat. Abschließend erläutert Virchow seinen Krankheitsbegriff in der bekannten Weise: „Wir unsererseits erkennen weder in der Krankheit überhaupt, noch in ihren einzelnen Leistungen etwas von dem Leben und seinen Leistungen Verschiedenes; überall handelt es sich entweder um Hemmung normaler, physiologischer Vorgänge, oder um die Erregung derselben an ungewöhnlichen Orten oder zu ungewöhnlichen Zeiten (Heterotopie, Heterochronie), so jedoch daß der krankhafte Vorgang durch den Charakter der Gefahr, welche er für den Bestand des Lebens überhaupt oder der einzelnen lebenden Theile mit sich bringt, von dem physiologischen Vorgang unterschieden ist." [77]

Hier fehlt der im „Handbuch der speciellen Pathologie und Therapie" gemachte dritte Zusatz der „Heterometrie" als Kennzeichen des pathologischen Phänomens. Heterometrie und Heterochronie als entscheidende, die Differenz von pathologischem und physiologischem Leben begründende Kriterien, hätte Virchow auch bei Brown wahrnehmen können. Sicher − dies sei zugegeben − nicht in dieser geschliffenen Terminologie und nicht mit souveränem wissenschaftlichem Gestus vorgetragen. Aber doch unübersehbar, als ein tastender Versuch der Etablierung eines neuen Diskurses, des der modernen Pathophysiologie.

II. Die Elemente der Physiologie

Das Brownsche System wird meist als Reizlehre verstanden. Alle Lebensdynamik des Organismus sei — so sagt man — ganz nach außen, in die Aktivität von Reizen verlagert und durch sie kontrolliert. Als Beweis wird der Satz Browns zitiert, der sich am Ende seiner Physiologie (§ 72) findet: „Aus *allem* (Hervorh. v. Verfasser), was bisher gesagt worden ist, ergibt sich . . . , daß das Leben ein erzwungener Zustand ist, daß die Thiere sich jeden Augenblick zur Auflösung hinneigen und daß sie vor derselben nicht durch innere, sondern bloß durch fremde Kräfte bewahrt werden . . .“ [78]

Die Brownsche Definition des Lebens gewinnt viel durch den Vergleich mit der um 20 Jahre älteren Bichats, „la vie est l'ensemble des fonctions qui résistent à la mort." Es besteht eine Übereinkunft, was den „erzwungenen", dem Tode abgezwungenen Zustand angeht, den das Leben nach Meinung beider Ärzte vorstellt. Aber „Bichats" Leben trägt sich selbst, es besitzt ein inhärentes Lebensprinzip, die „Propriétés vitales", womit er Hallers Irritabilitätsbegriff aufnimmt und erweitert. Anders Brown, der das Leben wesentlich durch äußere Kräfte, durch Umwelteinflüsse, zusammengehalten sieht und darin mit einer ganzen medizinischen Tradition bricht. Die Pathophysiologie des 19./20. Jahrhunderts oszilliert zwischen diesen beiden Grundpositionen! Trotz diesem unzweifelhaft starken Votum für die Reizlehre legt kein geringerer als Virchow eine andere Perspektive nahe. „Reizbarkeit ist" — so definiert er in seinem schon erwähnten Artikel „Reizung und Reizbarkeit" — „eine Eigenschaft und demnach ein Kriterium jeder lebenden Zelle und jedes lebenden Zellenderivats." Brown spricht er das Verdienst zu, „die Reizbarkeit . . . zuerst als eine allgemeine Eigenschaft des Lebendigen, als die Fähigkeit, durch Reize zu irgend einer Art von Lebensäusserung erregt zu werden, hingestellt (zu haben). . . . Allein Brown selbst hatte nicht prinzipielle Schärfe genug, um die Natur der Reizbarkeit genauer zu bestimmen; vielleicht muss man auch sagen, daß die Erfahrung seiner Zeit noch nicht genügte, um eine schärfere Definition möglich zu machen." [78a] Wie recht Virchow mit dem letztgenannten Gedankengang hatte, mögen die folgenden Ausführungen einsichtig machen.

Der Hinweis Virchows mag genügen, um einen neuen Ausgangspunkt zu wählen, und die Brownsche Physiologie über die Struktur der Reizbarkeit zu verstehen.[79]

1. Strukturen der Reizbarkeit

Hierbei kommt uns auch der Text der „Elementa medicinae" zu Hilfe, der mit der Bestimmung der Reizbarkeit als dem beginnt, was das Leben vom Tod unterscheidet: „In allen Zuständen des Lebens unterscheiden sich der Mensch und andere Thiere von sich selbst in ihrem todten Zustand, oder von irgend einer andern leblosen Materie nur durch diese Eigenschaft allein ... Die Eigenschaft ... soll Erregbarkeit (excitability) genannt werden." [80] Der Begriff der Erregbarkeit oder Reizbarkeit — was dasselbe meint [81] — ist dem heutigen Leser kaum unmittelbar zugänglich. Er wird sich fragen, wie man darauf eine ganze Theorie der Physiologie aufbauen konnte und wodurch ihm diese zentrale Bedeutung zukam. Es sollen deshalb einige historische Erläuterungen gegeben werden.

Brown versucht — wie viele Naturforscher seiner Zeit — eine Antwort auf das zu geben, was wir die Organisationsfrage nennen wollen. Es war dies die Frage nach den Gründen des Zusammenhalts und der Bewegung der lebenden Organismen. Was bewegt — so fragte man sich — Herz und Muskel, wie ist die Peristaltik der Hohlorgane, ihre Füllung und Entleerung zu erklären und wodurch wird dies alles, was so deutlich die lebende von der toten Materie unterscheidet, immer wieder und kontinuierlich in Gang gehalten. „Ein toter Körper hat keine Bewegung", sagt Haller in seinem Hauptwerk, den „Elementa physiologiae corporis humani", von 1757, „mithin muß man alle Bewegung bei einem lebendigen Tiere untersuchen. Es hat aber die ganze Physiologie mit der inneren und äußeren Bewegung des belebten Körpers zu tun."

Damit ist der Physiologie die klare Aufgabe gestellt, die Herkunft und Möglichkeit der Bewegtheit der tierischen Organismen zu ergründen.

Dem Herz als Mittelpunkt der Bewegung, das dem 17. Jahrhundert genügt hatte, gesellten sich bei Descartes/Baglivi die Durapulsationen als zweiter Motor hinzu. Aber diese Lösungen konnten im 18. Jahrhundert nicht (mehr) befriedigen, zumal immer drängender die Frage auftauchte: Wie entsteht und reproduziert sich eigentlich der Organismus? Man versuchte deshalb tiefergehende primäre Organisationsprinzipien zu finden, die etwa lauteten: „Bildungstrieb" oder allgemeiner „Lebenskräfte" oder auch „principe de vie", Prinzipien zudem, die die mechanistischen Lösungen auf chemisch-biologische hin öffneten. So schrieb, um ein Beispiel zu geben, Joseph Barthez in seinen „Noveaux éléments": „Es verhält sich ohne Zweifel so, daß ... ein vitales Vermögen, notwendigerweise zu der Kombination von Materie hinzutritt, daraus jeder belebte Körper aufgebaut ist, und daß dieses Vermögen den zureichenden Grund aller Bewegungsfolgen einschließt, die für das Leben des Thieres während seiner ganzen Dauer nötig sind." [82] Zu einer solchen Elementargröße des Organischen wurde auch die Reizbarkeit. Brown übernimmt diesen Begriff von Haller, der ihn experimentell geschärft hatte. Haller verstand unter Irritabilität eine Eigenschaft bestimmter Organe, vor allem der muskulösen, auf einen Reiz mit Kontraktion zu reagieren. Wichtig ist dabei, daß er die Irritabilität nicht als physikalische Folge der Elastizität der Fasern begriff, sondern als eine sehr spezifische (lebendige) Eigentümlichkeit der Muskulatur. Eine entsprechende Eigenschaft des Nervensystems nannte Haller Sensibilität. Brown kannte — wie aus den „Observations" zu entnehmen ist – diese Hallerschen Überlegungen, aber er gibt ihnen eine veränderte Richtung. Die Eigenschaft – nun Reizbarkeit genannt – erweitert er auf das gesamte Nervensystem, was bei ihm umfaßt: Muskel und Nerven, sowie Gehirn. „Der *Sitz der Erregbarkeit* in lebendigen Systemen ist die markige Nerven- und veste Muskelmaterie, welche das *Nervensystem* zu nennen seyn möchte. Die in derselben statt findende Erregbarkeit ist nicht verschieden in verschiedenen Theilen ihres Sitzes, noch besteht sie aus Theilen; sondern sie ist *Eine, gleichförmige, unzertheilbare Eigenschaft das ganze System hindurch.*" [83] Damit ist die Reizbarkeit *homogen* im ganzen Organismus verteilt, mehr noch, sie kann die universale Ursache alles Lebendigen werden. Universal darf sie deshalb genannt werden, weil sich diese Eigenschaft bei Tieren und Pflanzen ebenfalls findet, weshalb Browns Physiologie wirklich noch eine „Lehre des Lebens" im traditionellen Sinne beinhaltet. [84] Was nun die Verschiedenheit der Lebewesen angeht, ist diese eine Folge der unterschiedlichen *Quantität* der Reizbarkeit. Sie allein bewirkt die einzelnen Gattungen, Arten. Als Qualität Reizbarkeit – so meint Brown – bleibe sie immer gleich.

Neben der Erweiterung auf das Lebendige – auch auf die Pflanzenwelt – macht aber der Hallersche Begriff noch einen „internen" Strukturwandel durch. Für Haller war ja die Irritabilität die spezifische Wirkung (Kontraktion), die ein Reiz an einer Muskelfaser hervorrief. Über die Ursache dieses Vorganges konnte er keine Angaben machen. Brown verschiebt die Reizbarkeit von den kontraktilen Elementen praktisch auf den gesamten Organismus. Damit verliert sich aber auch die gedankliche Verknüpfung der Reizbarkeit mit dem Kontraktionsvorgang, und der Weg wird frei, zumindest die Vermutung auszusprechen, es handele sich bei der Reizbarkeit um einen Stoff oder die materielle Wirkung eines Stoffes. Die Brownsche Hypothese einer stofflichen Natur der Reizbarkeit ist – auch wenn sie ein Gedankenexperiment bleibt – sehr wichtig, kann sie doch ganz andere Schlußfolgerungen zulassen, als ein augenscheinlich auf den Kontraktionsvorgang fixierter Begriff der Irritabilität. Schelling folgerte auch gleich, Browns Reizbarkeit sei wohl eine Art Substrat: „Man sieht aus diesen, wie aus vielen anderen Stellen Browns, daß er an ein *Substrat* der Erregbarkeit gedacht hat . . .". Ein solches (passives) Substrat reicht aber dem idealistischen Philosophen zur Bestimmung dessen, was die *positiven* Bedingungen der Organismen sind, nicht aus. [85]

In der Kritik Schellings, die Reizbarkeit sei auf ein passives Substrat verkürzt, wird ein wichtiger historischer Prozeß transparent. Haller bestimmt die Irritabilität als eine „propriété vitale", geknüpft an ein Gewebe, den Muskel. Er gibt damit eine der lebenden Materie und nur ihr zukommende positive Bestimmung der Organismen. Wir können Haller einem vitalistischen Standpunkt zurechnen, der im weitesten Sinne das Leben der Organismen über ihnen inhärente vitale Prinzipien zu erklären versucht. In dieser allgemeinsten Formulierung verteidigt der Vitalismus die Spezifität des Lebendigen gegenüber der nicht lebenden Materie. Meistens wird diese Heterogenität in einem besonderen Lebensprinzip (Lebenskraft, principe de vie, Anima etc.) gesehen.

Brown kommt in dieser noch weit in das 19. Jahrhundert hineinreichenden Debatte um den Vitalismus eine Zwischenstellung zu. Er konzipiert nämlich gleichsam eine „devitalisierte Reizbarkeit". Denn indem er die Irritabilität vom Kontraktionsvorgang befreit, sie gleichmäßig im Organismus verteilt, sie also dezentralisiert, und ihr eine Substratnatur zubilligt, ist die „Irritabilität" kein spezifisches vitales Vermögen bestimmter Gewebe mehr. Der Blick ist auf chemisch-molekulare Veränderungen, auf stoffliche Primärprozesse gelenkt, die – und auch dies ist neu – in der Struktur von Geweben zu suchen sind. Solche chemischen Veränderungen kennt Brown freilich noch nicht, denn es gibt noch keine entwickelte organische Chemie, die diese Lücke füllen könnte. Der Brownsche Begriff öffnet indes eine Tür zu den neuen physiologisch-chemischen Theorien des 19. Jahrhunderts. Dies verdeutlicht sehr gut die Wirkungsgeschichte des Brownianismus. In direktem Anschluß an die Intentionen Browns haben – um nur die wichtigsten zu nennen – Girtanner und Pfaff neue Lösungswege vorgeschlagen. Beide sind hervorragende Brownkenner und gehen mit ihm darin einig, eine Trennung von Irritabilität und Kontraktilität anzunehmen. Unterschiedlich ist jedoch die Interpretation, was als die materielle Basis der Irritabilität zu gelten hat. Girtanner schlägt ein chemisches, Pfaff ein galvanisches Modell vor.

Einen Schritt weiter als Brown geht auch sein Landsmann DeTracy, der in den „Elements d'ideologie" das Leben durch Gefühl und Bewegung begründet sieht. Ursache der Bewegung ist die „force vitale". Auch DeTracys vitalistische Lebenskraft ist von avitalistisch-chemischen Beiklängen durchkreuzt: „Wir wissen nicht, woraus diese force vitale besteht; wir können sie uns nur als ein Ergebnis chemischer Verbindungen und einer Anziehung vorstellen, die für eine bestimmte Zeit sich zu einer Ordnung zusammengefunden haben und bald wieder, kraft unbekannter Umstände, in den Bereich allgemeinster Gesetze zurückkehren, welche die der untergeordneten Materie sind. So lange sie andauern, leben wir, das heißt, wir bewegen uns und wir fühlen." [86]

Erst bei Magendie verschwinden annähernd die Zweideutigkeiten; der Prozeß findet sein vorläufiges Ende. Die „force vitale" wird in die Molekularchemie aufgelöst. In seiner Kritik an Bichat und den Vitalisten spricht er in den „Quelques idées générales sur les phénomènes particuliers aux corps vivants" der „sensibilité et contractilité animale" den Charakter einer „propriété vitale" ab und macht beide zu Funktionen, die nichts anderes beinhalten als die Aktionen der Organe. „Diese Aktionen . . . scheinen das Ergebnis einer inneren Bewegung zu sein, die sich zwischen den Molekülen der Organe abspielt." In dieselbe Richtung geht seine Polemik im Vorwort der „Precis Elementaire de Physiologie": „Que sont en effet les esprits vitaux ou animaux des anciens, les facultés de Galien, le principe moteur et générateur d'Aristote, l'archée, le principle, la force, les propriétés vitales, etc., que l'on a successivement adoptés pour l'explication des fonctions animales, sinon des suppositions arbitraires qui ont servi pendant une longue suite de siècles à cacher l'ignorance absolue où l'on à été de tout temps, et où l'on sera peut-être toujours touchant la cause de la vie? Qu'en est-il résulté? C'est que la physiologie . . . est encore une science à son berceau." [87]

Resümieren wir diese historische Entwicklung und stellen Brown in den Zusammenhang eines die Theorie des Lebensprinzips im 18. Jahrhundert durchziehenden Dezentralisierungsprozesses. Die Lebenskraft etc. wird zunächst in immer periphereren Organen (Herz – Muskel – Nerven) gesucht und geht schlußendlich in den differenzierten Geweben Bichats „verloren". Parallel dazu müssen zunehmend chemisch-biologische Erklärungsmuster herangezogen werden, da die mechanischen kaum die gröberen Bewegungsvorgänge einsichtig machen können. Dieser Prozeß hebt letztendlich ebenfalls das besondere vitale Prinzip auf und findet in Magendie seinen Höhepunkt. In Brown treffen wir alle Übergänge an. Er kann seine „devitalisierte" Reizbarkeit noch keineswegs (bewußt) mit der Vorstellung chemischer Molekularbewegungen verbinden, auch wenn er ihr eine Substratnatur zubilligt. Denn zu sehr bleibt seine ganze Physiologie mechanischen Modellen verhaftet. Winzig und doch total erscheint der Schritt zu Bichat. Das vitale Prinzip ist zwar maximal im Organismus verteilt, aber eben gleichmäßig, und diese Gleichmäßigkeit verhindert, was Bichat auszeichnet: eine differenzierte Histologie.

Als Begriff der Reizbarkeit läßt sich ganz allgemein festhalten, daß Brown hierunter eine universale Eigenschaft lebendiger Organismen versteht, die eine stoffliche Qualität in ganz spezifischer Quantität darstellt. Die wahre Natur der Reizbarkeit bleibt Brown begreiflicherweise unbegreifbar, und dies gibt er auch zu: „Wir wissen nicht, was Erregbarkeit ist, oder wie sie von den erregenden Potenzen affizirt wird. Sie mag aber beschaffen seyn, wie sie wolle, so kömmt jedem Wesen beym Anfange seines Lebens eine gewisse Quantität oder Energie von derselben zu. Diese Menge oder Größe ist bey verschiedenen Thieren, so wie bey demselben Thiere zu verschiedenen Zeiten verschieden." [88]

Neben dem gattungsspezifischen Unterschied taucht hier noch ein weiterer Faktor auf, der die Quantität der Reizbarkeit festsetzt: das Alter, und damit die Zeit. Der jugendliche Organismus besitzt eine besonders hohe Reizbarkeit, weshalb er viel geringere Reize verträgt als der gealterte: „Die Kindheit und jene Schwäche, welche eine Folge von überflüßiger Erregbarkeit ist, vertragen nur einen geringen Reiz ... Das Alter und jene Gebrechlichkeit, welche von einem Mangel an Erregbarkeit herrührt, erfordern einen völligen Reiz." [89] Brown setzt für den Lebensbeginn ein fiktives Reizbarkeits-Potential von 80, das sich nun bis zum Tode langsam verbrauchen soll. „Im Anfange des Lebens ist die Erregbarkeit noch in ihrer vollen ungeschwächten Energie, weil noch kein Reiz gewirkt hat, und ihre Totalsumme macht folglich 80 aus. Sie wird aber allmählich geschwächt, so wie die Reize vom Anfang bis zum Ende der Scale [90] angebracht werden." [91] Außer dem Alter bestimmen noch Konstitution, die Brown nur erwähnt, ohne ihre Bedeutung genauer zu erläutern, und die vorherige Reizeinwirkung die Quantität der Reizbarkeit.

Diese drei limitierenden Faktoren des Reizbarkeits-Potentials liegen nicht in derselben Begriffsebene. Vielmehr lassen sie eine Doppelstruktur der Reizbarkeit entstehen. Dabei markieren Lebensalter und Konstitution eine absolute Größe. Sie statten das Leben mit einer bestimmten Menge Reizbarkeit aus, die sich vom Lebensbeginn mehr oder weniger schnell unter der Einwirkung von Reizen erschöpft. Dieser Abnutzungsprozeß ist irreversibel, und er endet erst mit dem Tod. Es scheint sich hier ein Degenerationsgedanke zu verbergen, der allerdings noch nicht an Gewebe oder Zellen gebunden werden kann, sondern eher ein begriffliches Raster bereithält! Die tatsächlich zu einem bestimmten Zeitpunkt existierende Reizbarkeit hängt aber Brown zufolge noch von der vorherigen Reizwirkung ab. Diese zweite „Abnutzung" ist vorübergehend und teilweise reversibel. Somit erhält die Reizbarkeit neben der absoluten degenerativen noch eine relative Struktur, innerhalb derer eine Regeneration stattfinden kann und die damit auch die Möglichkeit therapeutischer Intervention eröffnet.

Wie ein und dieselbe Reizbarkeit aber zugleich reversibel und irreversibel angelegt sein soll, und woher die Regenerationskräfte kommen, die die mechanische Vorstellung einer bloß passiven Abnutzung (was hier heißen muß: Verminderung der Quantität) auf einen aktiven qualitativen Prozeß überschreiten, darüber schweigt sich Brown aus, zumal er nicht einmal die Natur der Reizbarkeit eindeutig klären kann. Der Begriff der Reizbarkeit besitzt damit interessante Unschärfen, die sich auch sprachlich niederschlagen: So spricht Brown einmal von „erhöhter — vermehrter — angehäufter" Reizbarkeit, alles Begriffe, die seiner Intention, die Reizbarkeit als Quantität zu fassen, entgegenkommen. Ein andermal ist sie „geübt — energisch — angestrengt" — dies sind eher qualitative Bestimmungen — oder die Reizbarkeit ist „ermattet — erloschen — erschöpft — verzehrt". Letztere Begriffe enthalten wieder den Degenerationsgedanken und setzen — denken wir nochmals an die Bestimmung des Lebens als ein dem Tod abgezwungener, zur Auflösung tendierender Prozeß — trotz allem optimistischen Glauben an die Möglichkeit von Beherrschung der Natur den Grundton einer pessimistischen Lebensphilosophie in die Physiologie fort. Brown erkennt wohl sein Begriffswirrwarr, denn er entschuldigt sich mit der „Armuth der Sprache, theils auch der Neuigkeit der Lehre" oder gar mit „der noch dunklen Natur dieses Gegenstandes." [92] Wir wollen es ihm indes nicht so leicht machen und uns bemühen, die Widersprüche historisch zu erläutern.

2. Reizlehre

Nachdem die Reizbarkeit bekannt ist — ihre Materialität, Homogenität und Doppelstruktur (als relativ und absolut degenerative) —, liegt die Vermutung nahe, daß die Reize ähnlich beschaffen sind, denn sie müssen auf die Reizbarkeit wirken können. Auch für den Reizbegriff ist es nutzbringend, einen Sprung aus der Jetztzeit zu wagen, der den Zielpunkt der Analysen in den Blick faßt. „Reiz oder Stimulus" — so definiert das Reallexikon der Medizin — ist ein „psychologisch, physiologisch meßbarer physikalischer oder chemischer Zustand oder Zustandsänderung im Außenmilieu oder Körperinnern, der bei Einwirken auf lebende Zellen an erregbaren Strukturen Erregung oder Erregbarkeitsänderungen hervorruft." [92a] Analog nennt Brown Reiz jede Einwirkung auf das Körpersystem, egal, ob aus der Umwelt oder dem Körperinneren. Nach dem Ort ihrer Einwirkung differenziert er örtliche und allgemeine Reize, die sich weiter in „innere" (Nervensystem) und „äußere" (übriger Körper und Umwelt) gliedern lassen. Äußere Reize sind: Wärme, Nahrungsmittel und alle anderen Stoffe, die in den Magen gelangen, sowie das Blut und die von ihm abgeschiedenen Säfte, und zuletzt die Luft. Innere Reize bestehen in Muskelkontraktionen [93], Gefühlsregungen und allen sonstigen Verrichtungen des Gehirns. [94]

Mit den genannten inneren und äußeren Reizen sind nur die wichtigsten, keinesfalls alle möglichen Reizquellen aufgezählt. Es gehören ebenso dazu alle Gifte wie Therapeutika, alle Speisen und Getränke, alle Sinnesreize und inner-

sekretorischen Vorgänge, kurz: alles, was einem Organismus an schädlichen
und nützlichen Einflüssen in seiner Innen- und Außenwelt widerfahren kann,
ist Reiz. Der Organismus, genauer eine bestimmte Reizbarkeit, ist in eine totale
Reizwelt eingelagert, in ein Reizmilieu, welches fortan Objekt der Physiologie,
Pharmakologie, ja der gesamten Medizin werden muß. Aufgabe der künftigen
Medizin muß es sein, das Reizmilieu – und dieser Begriff „Milieu" muß bei
Brown gegen einen Autor verteidigt werden, der selbstbewußt behauptet hatte:
„Ich habe nicht gesehen, daß jemand vor mir ein inneres und ein äußeres Mi-
lieu unterschieden hätte" [94a] – zu erforschen, und das ist auch Browns zentrales
Anliegen, dem er einen weiten Raum seiner „Elementa" widmet. Durch exakte
Beobachtung und Messung der inneren und äußeren Reizeinflüsse und ihrer
Wirkung auf die Reizbarkeit kann der Organismus in seinen ihn konstituieren-
den Bedingungen freigelegt und transparent gemacht werden. Damit ist gleichzeitig, wie monistisch auch immer, eine neue pathologische Theorie geboren,
eine Pathologie, die Krankheit nicht als innerorganismisches Wesen erkennt
und klassifiziert, sondern als Relation des Organismus mit seiner Umwelt.

Bringt man dieses Wechselspiel von Reizumwelt und Organismus in eine
Abfolge entsprechend Abb. 3, so erscheint überraschend eine Idee der biologischen Regulation, die erst viel später und zugegeben auf differenzierterem Niveau in der medizinischen Theorie Verbreitung fand, etwa in der Abstam-
mungslinie: „Claude Bernard qui genuit Cannon qui genuit Rosenblueth apud
Wiener". [94b] Unter der Einwirkung von Reizen, so die Brownsche Regeldyna-
mik, wird aus der Reizbarkeit ein bestimmtes Quantum Erregung freigesetzt,
das sich in und über eine veränderte Säftebewegung und Nerventätigkeit äu-
ßert. Diese veränderten Funktionsweisen des Organismus sind gleichzeitig wiederum eine innerkörperliche Reizquelle, die erneut dem permanenten System-
kreislauf zufließt. Es lassen sich einige prinzipielle Voraussetzungen biologi-
scher Regelsysteme als bereits erfüllt ansehen. [94c] Zunächst wird ein Rückkopp-
lungseffekt vorgeschlagen, der jeden Wirkungserfolg erneut in das Kreisge-
schehen einspeist. Störungsquellen müssen in erster Linie in außerorganismi-
schen Veränderungen gesucht werden, und als limitierender Faktor, der die to-

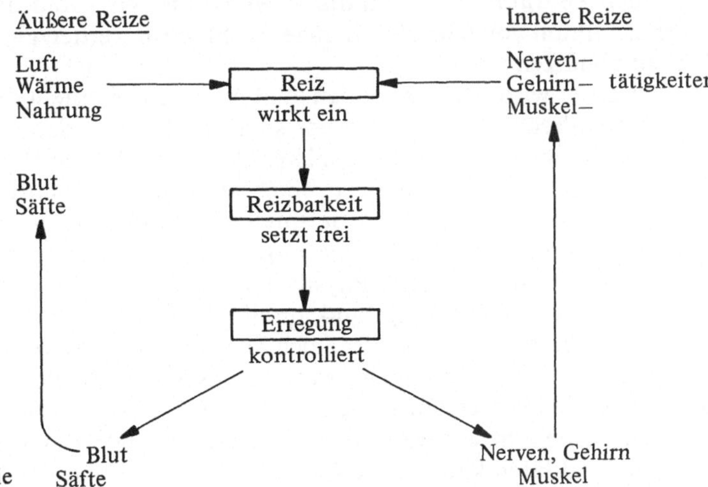

Abb. 3. Schema der Brownschen Physiologie

tale Autoerregung des Systems verhindert, ist eine auf Erschöpfung angelegte Reizbarkeit eingeführt, was nochmals nachhaltig ihre Bedeutung unterstreicht.

Brown entscheidet nicht die Frage, inwieweit der Körper von außen oder innen gesteuert ist. Innere und äußere Steuerung befinden sich (noch) in einem ausgewogenen Gleichgewicht, da der tatsächliche Reizeffekt von der Summierung der inneren und äußeren Reize und dem momentanen Zustand der körpergebundenen Reizbarkeit abhängig gemacht ist. Mit wachsender physiologischer Erkenntnis ist dieser Balanceakt im 19. Jahrhundert nicht mehr zu halten, wodurch einmal die Außenregulation und damit die Determiniertheit des Organismus durch die Umwelt, dann wieder mehr die Steuerung aus dem Inneren und damit die genetische Anlage überwiegt. Im Begriff der Adaptation oder „Anpassung an die Umwelt" erlebt aber der Brownsche Gleichgewichtszustand von Umwelt und Organismus eine ungeahnte Renaissance.

Nach dieser eher vorläufig skizzierten, keinesfalls erschöpfend behandelten Entwicklung einer Theorie der biologischen Regulation, innerhalb derer die Brownsche Physiologie einen kleinen Baustein liefert, muß nun die Qualität der Reize näher geprüft werden.

Brown analysiert, fast möchte man sagen extrahiert, aus verschiedenen Qualitäten, wie es die Wärme, die Nahrung, das Blut ja sind, eine Gemeinsamkeit heraus, nämlich, daß alle in bezug auf das Körpersystem als Reize wirken. Fortan interessiert ihn nur noch dieser sektorielle Aspekt der im Grunde so verschiedenen Stoffe. Der Zweck der ganzen Operation ist klar: Brown erhält wieder *eine* homogene, universelle Qualität (Reiz), deren Wirkungen auf die Reizbarkeit er untersuchen und die er vor allem quantifizieren kann, ein Ansatz somit, bei dem er jenes Galileische Prinzip beherzigt: Miß, was meßbar ist, und mach meßbar, was noch nicht zu messen ist. Nachdem Brown nun verschiedene Qualitäten auf ihr gemeinsames Strukturmoment „Reiz" zurückgeführt hat, kann er die Reizintensität mit zwei einfachen Kategorien erfassen:

1) Quantität − Reizgrad;
2) Zeit − Reizdauer.

Er bemerkt, daß es für den Reizeffekt gleich ist, ob ein Reiz mit der Intensität 6 die Zeit 1 wirkt oder mit der Intensität 1 die Zeit 6: „Ein Grad des Reizes zu 6, der einen Zeitraum von 1 hindurch wirkt, und ein Grad des Reizes zu 1, der einen Zeitraum von 6 hindurch angebracht wird, werden gleich stark die Erregbarkeit abnützen." [95]

Der Leser wird bemerkt haben, daß er in Brown erneut den künftigen naturwissenschaftlichen Physiologen vor sich hat. Es geht dabei ums Methodische, Prinzipielle, nicht um die Ergebnisse. Den so wichtigen Reduktionsschritt von unterschiedlichen Qualitäten zu einer homogenen Qualität, die quantifiziert werden kann, verdeutlicht ein Beispiel, das darüber seine Herkunft dokumentiert. Brown orientiert seine physiologischen Überlegungen sehr stringent auf die ebenso in Fluß geratene Physik der Wärme. Von der Identität aller natürlichen Phänomene überzeugt und um die Anwendung der Physik in der gesamten Natur bemüht, schreckt ihn noch kaum die Differenz von physikalisch-anorganischen und organischen Naturgegenständen. In der Wärmelehre seiner Zeit, deren Wissen er auf seinen medizinisch-physiologischen Reizbegriff anwendet, verließ man gerade eine Theorie, die nur fest gegeneinander abgegrenzte Qualitäten kannte, die Qualität der Kälte und die Qualität der Hitze.

Zwischenstufen erklärte man über unterschiedliche Mischungsverhältnisse. Von dieser antiken Wärmelehre abgehoben, behauptete die Physik des 18. Jahrhunderts eine homogene Qualität der Wärme, die jeweils in verschiedener Qualität vorkomme, woraus sich die ganze Temperaturskala herleite. Es ist hier nicht so wesentlich, ob diese Vorstellung an Energiesätze oder einen Wärmestoff geknüpft ist. Interessant ist, daß Brown sie ganz analog in die Physiologie überträgt, zumindest ist dies sein Vorsatz: „Die Lehre von der Kälte als einer wirksamen und der Wärme entgegengesetzten Kraft wird nun allgemein verworfen, und jene bloß als eine Verminderung von dieser angesehen."[96] Daraus folgte, daß ein Reiz, der „beruhigend (sedative) zu seyn scheint, bloß schwächer reizend, und in soferne nur schwächend" ist.[97]

Die Ersetzung qualitativer durch quantitative Begriffe sieht sich bei der Beschreibung seelischer Vermögen vor keiner Grenze. Von freudigen Gemütsbewegungen soll gelten, daß sie nur quantitativ, im Grade der Reize, den Verstimmungen verschieden seien: „Es gilt hier bey den Leidenschaften ganz das nehmliche Räsonnement wie bey der Wärme ... Die sogenannten niederschlagenden Gemüthsaffekte sind bloß ein schwächerer Grad der reizenden. So sind Furcht und Gram bloß geringere Grade des Zutrauens und der Freude, aber keine spezifisch verschiedenen Gemüthszustände."[98] Man mag solche Folgerungen als Verkürzungen belächeln, muß sich aber damit vertraut machen, daß sie eine intensive Wirkung auf die französische Medizin ausgeübt haben. Broussais und mit ihm Comte unterstützen unbewußt Brown in seinem Bemühen, „Schlaf, Wahnsinn, Delirium, Somnambulismus und Halluzination" als „Übersteigerung" durchaus normaler Phänomene anzusehen. Übrigens ist kein geringerer als Kant Browns psychischen Quantifizierungen gefolgt: „Affecten sind überhaupt krankhafte Zufälle (Symptome) und können (nach einer Analogie mit Browns System) in sthenische, aus Stärke, und asthenische, aus Schwäche, eingetheilt werden. Jene sind von der erregenden, dadurch aber oft auch erschöpfenden, diese von einer die Lebenskraft abspannenden, aber oft dadurch auch Erholung vorbereitenden Beschaffenheit."[100]

Blicken wir nochmals zurück. Brown löst physiologische Qualitäten auf, indem er sie auf eine strukturelle Gemeinsamkeit reduziert. Er orientiert sich dabei an den Modellen der Physik. Damit zeichnet sich im weiter gespannten historischen Rahmen ein Untergang der alten galenisch-hippokratischen Medizin und die Dämmerung der neuen naturwissenschaftlichen Methode in der Medizin ab, ein Prozeß, der sich nicht nur in der Physik als Ablösung der Qualität durch die Quantität beschreiben läßt. Doch ist zu fragen, inwieweit ihm die Eliminierung der Qualitäten gelingt. Da er die Reize nach Intensität und damit Quantität pro Zeiteinheit kategorisiert, kann er die Summierung verschiedener Reize behaupten. Unterschiedliche Reize addieren oder subtrahieren sich zu einer „Totalsumme" Reiz, die aus der Reizbarkeit ein entsprechendes Maß an Erregung freisetzt. Klingt dies geradezu modern, finden sich wenig später beachtliche Unschärfen: „Gesetzt, es bezeichne eine gewisse Größe wie 40 den Grad der Totalsumme der eigentlich reizenden Wirkung, und es werde die bey diesem Grade stattfindende Erregung durch verschiedene erregende Potenzen hervorgebracht ... und zwar entweder dadurch, daß sie ein angemessenes Verhältnis gegen die Erregbarkeit haben, oder daß sie eine angenehme Empfindung erzeugen, so folgt daraus, daß sowohl eine der Erregbarkeit angemessene

Mischung des Ganzen, als auch der Grad des Reizes die Wirkung hervorbringt."[101]

Hier stehen quantitative neben qualitativen Begriffen, bzw. sie verknüpfen sich in einer nicht näher bezeichneten Weise. Es ist keine bloße „Totalsumme" der Reize für die Erregungsfreisetzung verantwortlich, sondern die Reize müssen zusätzlich danach erfaßt werden, ob sie eine „angenehme Empfindung", eine „richtige Mischung" ergeben. Damit wird aber sein quantitatives Modell entscheidend von qualitativen Begriffen unterlaufen, und zwar genau von jenen qualitativen Begriffen, die ihm zuvor keine geeigneten physiologischen Kategorien abgaben, weil sie einen ästhetischen Gehalt besaßen, wie den der Harmonie. Eine Erregungsminderung ist nun nicht nur Folge der Verminderung der Reizsumme, sondern wieder „Folge einer disharmonischen Vereinigung von erregenden Potenzen". Forschen wir weiter, woran sich denn die harmonische Mischung von Reizen erweise, und ob die rechte Mischung voraussehbar sei, so zeigt sich, daß auch diese Frage keine Antwort zuläßt. Denn, ob eine Reizwirkung angenehm wirkt, ist individuell verschieden, also subjektiv bestimmt, und dies läßt sich schwer prognostizieren.

Durch dieses noch enthaltene subjektive Moment werden die Brownschen Begriffe im Hinblick auf ihren Anspruch, objektive, quantifizierbare Größen abzugeben, inkohärent und letztlich unbrauchbar. Browns Versuch, auf ihnen eine neue objektive Physiologie aufzubauen, mißlingt. Was er aber sichtbar macht, ist die neue physiologische Methode!

Als dritte Elementargröße der Brownschen Physiologie ist, mehr der Vollständigkeit halber als einem damit verbundenen Erkenntnisinteresse wegen, die Erregung zu erwähnen, Produkt von Reiz und Reizbarkeit, deshalb mit denselben problematischen Unschärfen behaftet. Sie ist das schwächste Glied der physiologischen Kette, da völlig spekulativ gewonnen und kaum durch empirische Befunde zu erhärten. Brown behauptet, daß die Erregung, „die wahre Ursache des Lebens", *alle* physiologischen und pathologischen Prozesse im Körper bewirke. Es sollen einzig und allein quantitative Verschiebungen der Erregung für die Veränderungen aller Körperprozesse verantwortlich sein. Betrachten wir hier nur die Physiologie, somit das normale Wirken der Erregung: „Die erste Ursache der Bildung der vesten Theile, und die einzige Ursache ihrer nachmaligen Erhaltung ist die Erregung. Unter dem Einflusse der Erregung erzeugen die lebenden vesten Theile Blut aus einer von außen in das System aufgenommenen Materie, erhalten es in Bewegung, bilden seine Mischung, und sondern mannichfaltige Flüßigkeiten von demselben ab und aus, so wie sie andere einsaugen, im Kreislauf hereinführen, und endlich auch wieder austreiben . . ."[102]

Die Erregung steuert und kontrolliert schlicht alle physiologischen Prozesse, von der Assimilation der Nahrung bis zur Ausscheidung der verschiedensten Stoffe. Seine Beweise für diese Behauptung sucht man vergeblich; diesbezügliche Anmerkungen in §§ 57−60 der „Elementa" gelten nur am Muskel, wenngleich er vom Muskel auf alle festen Teile schließt. Dieser Analogieschluß überrascht kaum, wenn man sich vor Augen hält, daß zu Browns Zeit noch kein Bichat Gewebe klassifiziert und den forschenden Blick nicht an solche Differenzierungen gewöhnt hatte. Zudem war der Muskel neben dem Nerv das wohl besterforschte „feste Teil".

Trotzdem sollte man fragen, warum Brown die weitergehende Erläuterung der Erregung in seinem ganzen Werk schuldig bleibt? So läßt er unklar, welche Beschaffenheit die Erregung eigentlich besitzt — sie entstammt ja den materiellen Faktoren Reiz und Reizbarkeit. Die entscheidende Unschärfe entsteht dadurch, daß die Erregung nicht lokalisiert wird, sie besitzt keinen Raum im Körper, den sie doch regiert. Ihre Spuren verlieren sich gleichsam dort, wo ihre Wirkung allgegenwärtig sein sollte. Es fällt auf, daß Brown eine Physiologie ohne Anatomie entwirft! Er denkt nicht anatomisch, wie es seine Zeit verlangt, und seine diesbezüglichen Forderungen bleiben bei ihm selbst ohne Nachhall. Seine Physiologie fragte nicht nach dem anatomisch Möglichen und korrigierte daran ihre Ergebnisse. Darin hat Brown — zumindest in diesem wichtigen Punkt — Harvey, den er so vorbehaltlos unter den Medizinern favorisierte, mißverstanden: Denn für Harvey galt unumschränkt, daß physiologisch richtig nur sein konnte, was anatomisch möglich war!

Vergegenwärtigen wir uns nochmals die wesentlichen Züge der Brownschen Physiologie. Brown versucht — am Vorbild der Physik orientiert — homogene Elementargrößen in der Physiologie zu etablieren, was ihm, wie gezeigt, nicht widerspruchslos gelingt. Denn seine quantitativen und damit meßbaren Größen werden immer wieder von qualitativen Konnotationen durchkreuzt. Dadurch gelangen Werturteile („energische, strenge" Reizbarkeit), ästhetische Kategorien („Harmonie") und ein subjektiver Faktor („angenehme Mischung") in seine „objektive" (Patho)physiologie. Genau diesen Widersprüchen gilt ein besonderes Interesse. Denn an der Unebenheit und scheinbaren Unlogik zeigt sich die historische Bedingtheit der Begriffe. Die in ihnen ausgetragenen Kämpfe und Auseinandersetzungen werden präsent, ihr ganzes Spannungsgefüge tritt (noch) offen zu Tage, weil wir uns vor jenem einheitlichen Diskurs befinden, der sich aus ihnen herauskristallisieren wird und der uns nachträglich den Brownschen Versuch zur Quantifizierung des Lebendigen als so überaus simpel und verkürzt beurteilen läßt.

III. Der Weg zum pathophysiologischen Denken

1. Zur Situation der Pathologie und Physiologie im 18. Jahrhundert

Im 18. Jahrhundert treiben die Bemühungen der Systematiker, die Krankheiten immer genauer zu erkennen, indem sie sie symptologisch differenzieren, einem Höhepunkt entgegen. Ihre Nosologie wird immer feingliedriger; neue Krankheiten werden abgegrenzt und expandieren die Systeme. Die Diagnostik, kaum darf man sie als solche bezeichnen, wird zunehmend schwieriger. Weit mehr als 3000 Krankheiten in 133 Gattungen, verteilt auf 7 Ordnungen und 4 Klassen, nennt Browns Lehrer Cullen in seinen vielbenutzten „First Lines". [103] Darunter befinden sich, für den heutigen Pathologen erstaunlich, 20 Tetanus- und 14 Epilepsieformen, 93 Tertiana- und nochmals so viele Quartana- und Quotidianafieber. Wahrlich, man blickt hier in einen Wald von Fiebern, und Francisco Tortis Fieberbaum [104] von 1756 erscheint demgegenüber als geradezu handliche Systematik für praktische Ärzte.

Diese klassifikatorischen Versuche waren indes kein Selbstzweck pedantischer Geister, sondern sie antworten auf einen rationalen Diskurs in der Medizin des 18. Jahrhunderts, der lautet: Wer eine Therapie begründen will, die auch in der Lage ist, in die Natur der Krankheiten wirkungsvoll einzugreifen, der muß zuerst einmal die Krankheiten erkennen und benennen können. So hatte Thomas Sydenham gelehrt, Krankheit sei der Kampf der Physis gegen eine Schädigung; um die Natur unterstützen zu können, müsse der Arzt die Krankheiten kennen. [105]

Die Erkenntnis der Krankheiten betrieb man nun keineswegs über die Erforschung ihrer Physiologie, – und dies ist der entscheidende Punkt. Man gliederte sie vielmehr am Vorbild bereits vorhandener Modelle und Ordnungsschemata und nahm sie wahr als quasi-botanische Spezies. Das Werden, Blühen und Welken der Krankheiten am Organismus, ihre Ausbreitung über diesen Raum, ein Raum jedoch ohne Tiefe und damit eigentlich ohne Raumcharakter, wurde beachtet, getreu dem Wirken des großen Linné, der unermüdlich neue Pflanzen klassifizierte und auch den Krankheiten solche Regelhaftigkeit unterstellte. „Wer aufmerksam die Anordnung, die Zeit und die Stunde beobachtet, in der das Quartanfieber auftritt . . ., wird ebenso viele Gründe haben, zu glauben, daß diese Krankheit eine Art ist, wie er Gründe hat zu glauben, daß eine Pflanze eine Art bildet, da sie immer in derselben Weise wächst, blüht und abstirbt." [106] Während Sauvages hiermit nur behauptete, eine Krankheit wachse in ähnlicher Regelhaftigkeit wie eine Pflanze, läßt sich auch der extremere Standpunkt nachweisen, die Krankheit sei ein Naturwesen, das wie ein Parasit auf dem Boden des Organismus wachse.

Abb. 4. „Fieberbaum". Aus: Francisco Torti: Therapeutice Specialis ad Febres Periodicas Perniciosas. Francofurti et Lipsiae 1756

Vorstellungen vom parasitären Wachstum der Krankheitspflanze am Organismus liegt ein Krankheitsbegriff zugrunde, den man ontologisch nennt, und der sich vor allem dadurch auszeichnet, daß er die Krankheit als einen vom Gesunden qualitativ verschiedenen Zustand darstellt. Die Krankheit wird gesehen als etwas, das zur Gesundheit hinzukommt oder ihr fehlt, das in den Körper hineingeht wie durch eine Tür und ihn wieder verläßt, was auf ihm gedeiht, wächst usw. Alles Vorstellungen, die das in jeder Weise Besondere und Neue des Krankheitszustandes dem Physiologischen gegenüber betonen, die der Krankheit einen eigenen Seins-Modus zusprechen, der vom „Normalen" differiert. [107] Aus diesem ontologischen Krankheitsbegriff, der dem Verfahren der Nosologisten zugrundelag, entsprang keineswegs die gewünschte ärztliche Therapeutik. Im Gegenteil blieb diese unberührt empirisch-traditionell, und so findet sich noch am Ende des 18. Jahrhunderts fast die gesamte Palette der antiken Heilweisen und eine vorzüglich auf Prophylaxe (Diätetik) ausgerichtete Medizin, was nicht zuletzt dem eifrig zusammengetragenen Wissen der Klassifikatoren entgegenkam, das die Krankheit als Abstraktum ohne physiologische oder solidarpathologische Realität behandelte. Aus diesem Wissen konnte zwar eine symptomatische Methode entstehen, jener Versuch, durch die Kombination von Zeichen Krankheiten zu charakterisieren, aber keine Technik zum Eingriff in die Krankheiten, war doch das Symptom bereits die ganze Krankheit, und eine pathoanatomische oder pathophysiologische Wirklichkeit hinter dem Symptom spielte keine Rolle. Von der Nosographie zur Therapie führte kein fruchtbarer Weg!

Ähnlich wirkte sich die noch im 18. Jahrhundert lebendige hippokratisch-galenische Physiologie aus, sofern wir diese Lehre überhaupt eine Physiologie nennen wollen. Mit ihrer kanonisierten Säftelehre begründete sie eine Theorie festumrissener Qualitäten, rein deskriptiv und rein qualitativ. „Nirgends wird versucht, die Qualitäten zu messen. Die Begriffe Zahl und Zeit sind ihr durchaus fremd." [108] Krankheit war Störung eines Gleichgewichts, und dies mit allen meta-physiologischen Implikationen. Sie bewies, nicht selten wurde dies behauptet, das Streben des Körpers nach einer neuen Harmonie und war damit sinnvolle Reaktion des Organismus zu umfassender Selbstheilung. Die Existenz einer „vis medicatrix naturae" schien auch durch die Erfahrung der Kranken vor der Hand gesichert, die — und dies war eher die Regel — auch ohne die geringste ärztliche Hilfe wieder genasen. Es drängte sich also — und diese Hypothese ist ein starker gemeinsamer Zug fast aller medizinischen Theorien des 18. Jahrhunderts — eine organische Kraft, wie immer man sie nennt, die die Wiederherstellung der Gesundheit natürlich, d. h. ganz im Wirken der Natur inbegriffen, erklärte, förmlich auf. „Fast alle medizinischen Theorien des 18. Jahrhunderts . . .", schreibt Canguilhem, „nehmen als eine ganz unbezweifelbare Tatsache die Existenz einer vis medicatrix naturae an. Ob sie diese nun, wie Stahl, zur ontologischen Würde der vernünftigen Seele erheben oder, wie Boyle und Hoffmann, auf die Wirksamkeit von Mechanismen zurückführen, die sie für unorganisch hielten — so bei Hoffmann etwa den Blutkreislauf — sie geben letzten Endes nach eigenem Zeugnis Hippokrates recht, wenn dieser unter dem Namen Natur eine dem lebenden Körper eigene Selbsterhaltungskraft erkennt." [109] Daraus folgte nun allenfalls der ärztliche Versuch, die Tendenzen der Natur zu fördern, zu unterstützen, deren grundsätzlichem Wirken man ja vertraute. Es liegt nahe, daß hieraus ebenfalls keine therapeutische Technik, kein Anspruch zur Beherrschung der Krankheiten entspringen konnte, wenn auch aus völlig anderen Motiven als bei den nosologischen Klassifikatoren.

2. Theorie und Praxis

An dieser Stelle tritt in der Pose des Neuerers, der mit Bacon und Locke liebäugelt und sich gerne mit Harvey und Newton auf eine Stufe stellt, Brown auf die Bühne. In seiner Methodenschrift — wie die „Observations on the Principles of the old system of Physic . . ." [110] vielleicht genannt werden dürfen — konstatiert er zuerst einmal eine tiefe Kluft zwischen medizinischer Theorie und Praxis, zwischen Nosologie und Therapie, in der diese völlig unbekümmert um jene bei einem veralteten Heilmittelschatz geblieben sei. Man habe, da sich die schwächenden Mittel eindeutig in der Überzahl befänden, mehr Raubbau an der menschlichen Natur getrieben als ihr heilsam zu sein. [111] Er macht sich lustig über das ewig gleiche therapeutische Einerlei, das darauf schließen lasse, es gäbe nur eine Sorte Krankheiten — nämlich solche aus Stärke —, da es auch nur eine Sorte von Heilmitteln gäbe, nämlich schwächende, dies gerade so, daß man glauben könne, die menschliche Natur sei nicht auf Sterblichkeit angelegt, sondern tendiere im Gegenteil zur Unsterblichkeit. [112]

„Wenn man erwägt, daß bisher die Heilart der sthenischen Krankheiten in Blutlassen, Purgieren, und, in wenigen Fällen, im Gebrauch der Kälte bestanden hat . . .", so müsse man doch zugeben, daß jetzt „die Kenntniß dieser Krankheiten sowohl im theoretischen als praktischen Theile verbessert worden ist . . . daß sowohl die Natur und wahre Theorie der sthenischen Krankheiten, als auch ihre Behandlungsart, empirisch sowohl als wissenschaftlich und rationell betrachtet, nun erst entdeckt, und erwiesen worden ist."

Die seit Hippokrates weitgehend unveränderte medizinische Praxis widerlege die unterschiedlichen theoretischen Systeme, die nie eine rationale Begründung der Heilmittel geliefert habe: „Ihr (gemeint: die traditionellen medizinischen Systeme, Anm. d. Verf.) Unterschied in dem Theoretischen besteht blos in Namen, da hingegen die Gleichheit der Praxis, durch welche sie alle sich auszeichnen, wirklich ist." [113]

An dieser Wirklichkeit der Praxis aber mißt sich für Brown die Brauchbarkeit einer medizinischen Theorie. Kann sie eine erfolgreiche Technik zum Eingriff in das Krankheitsgeschehen abgeben? Und so stellt er seinen Rückblick auf die älteren Systeme der Medizin unter die Leitfrage: „Giebt es irgend ein System, ich sage nur Eines, welches durch grössere Richtigkeit in ihrem praktischen Theile vor den übrigen sich auszeichnet?" [114]

Jede medizinische Theorie, ob Physiologie oder Pathologie, hat sich vor der Praxis und der „wahren Natur des Lebens" zu rechtfertigen! „Kurz: *nur* eine *vollkommene Vertrautheit mit der wahren Natur des Lebens* ist es, was den Praktikern die Augen eröffnen kann, um eine ungereimte Art von Theorie . . . gehörig einzusehen." [115]

Der Forderung nach mehr Praxis ist Brown zumindest teilweise gerecht geworden, wie eine kleine Überlegung verdeutlichen mag. Von Cullen zu Brown kehrt sich der Quotient von bekannten Krankheitsformen zu Pharmakopoen genau um: Einer Fülle von Krankheiten steht bei Cullen eine verhältnismäßig geringe Zahl von Heilmitteln gegenüber. Brown kennt dagegen — und leider wurde dies selten gesehen — eine größere Zahl möglicher Therapeutika, während die Krankheiten auf zwei Grundformen reduziert werden. Überdies konnte er, da die Reizlehre Physiologie und Pharmakologie in einem war, eine in seinem Sinne rationale Begründung der Therapie liefern.

Das Attribut des größeren Praxisbezugs darf auch der Brownschen Nosologie verliehen werden. Brown hat seine Lehre immer als eine Medizin am Krankenbett verstanden, sich selbst gerne als „Arzt in der Praxis" bezeichnet. Daß dies keinen stärkeren Ausdruck in seinem Werk fand, ist zum großen Teil der polemischen Situation in Edinburg zuzuschreiben, die ihn zum Theoretiker wider Willen machte. Etwa die Hälfte der „Enquiry" enthält Krankengeschichten, die in Aufnahmebefund, Verlaufskontrolle bei Therapie und Epikrise gegliedert sind. Daneben muß die Wirkungsgeschichte der Brownschen Lehre gesehen werden, die einmal mehr hier eigene unerfüllte Geschichte wird. Sowohl F. A. Mai als auch Marcus sind weniger bemüht, die theoretische Stringenz der Brownschen Lehre zu prüfen, als vielmehr ihre mögliche Anwendung in der Praxis! 400 Seiten Fallberichte sind das Rückgrat für eine positive Begutachtung des Brownschen Systems, die Marcus, im Unterschied zu Brown in der Rolle des Klinikers, in die Waagschale zu werfen vermag. [115a] Auch das „Journal der Erfindungen", das zwischen 1795 und 1804 in dreizehn Fortsetzungen eine Beurteilung der Brownschen Lehre vornimmt, wodurch eine umfassende Wirkungsgeschichte überschaubar wird, will dies vorrangig vor dem Hintergrund, eine Kritik der Brownschen Praxis zu liefern. [115b]

Die Stärken des Brownschen Systems, von den Zeitgenossen immer wieder hervorgehoben, liegen in seiner Praktikabilität, womit es sich einem in der Medizin des 18./19. Jahrhunderts allgemeineren Praxistrend anschließt. In Zukunft entscheidet ein Gang an die Leiche oder zum Krankenbett über die Richtigkeit einer medizinischen Lehre, was sich in der Verachtung von Systemen einen Ausdruck verschafft.

Die Wende auf die praktische Medizin hat denn freilich eher Röschlaub als Brown vollendet, wenn es in der „Pathogenie" heißt: „Der Zweck aller medizinischen Kenntnisse ist daher *praktisch* (oder vielmehr *technisch*). Die Fertigkeit in der Anwendung der nöthigen Mittel zur Tilgung der Krankheit hängt von gewissen Erkenntnissen und Regeln ab, die, eben darum, weil sie lehren, *was geschehen soll*, damit die Krankheit beseitigt werde, *praktische Erkenntnisse und Regeln* heißen; und der Inbegriff solcher praktischen Erkenntnisse und Regeln heißt *praktische Heilkunde* (medicina practica)." [115c] Immer noch wertvoll, das sei im Vorbeigehen angemerkt, ist diese Röschlaubsche Definition, nach der die Medizin eine Handlungswissenschaft ist, praktisch, näher, technisch zu sein hat, was nicht mit Mechanik verwechselt werden will, vielmehr hinführt auf das griechische Technē. Wenn überhaupt die Medizin (je) eine Wissenschaft (gewesen) ist, dann bestimmt davon, Technē zu sein, womit ein Können gemeint ist, das zwischen Handwerk und Künsten liegt.

Da alle medizinische Erkenntnis auf Praxis ausgerichtet, Praxis aber nur innerhalb theoretischer Prinzipien sinnvoll zu werden versprach, mußte jedes Teilproblem und Teilgebiet der Medizin theoretisch und praktisch zugleich werden. Es entfiel im günstigsten Fall, wie Röschlaub in den folgenden Paragraphen einsichtig machte, die alte scholastische Zweiteilung einer medicina theorica et practica. [115d]

Die „Geburt der Klinik", die wesentlich in dieser Neuverteilung des Theorie-Praxis-Verhältnisses gründet, vollzog sich auch in Deutschland. Da dies unter der Mentorschaft der idealistischen Naturphilosophie geschah, wird man sich der Argumentation einiger naturwissenschaftlicher Polemiker des 19. Jahrhunderts nicht anschließen können, daß die philosophische „Erziehung" der Medizin hinderlich war. Im Gegenteil hat die Naturphilosophie die medizinische Wende auf die klinische Praxis nachhaltig gefördert, und dies um so mehr, als die Philosophie seit Kant ebenfalls in einer Wende auf die Praxis begriffen war.

Browns Position muß in Abhebung von der Röschlaubs als eine zwiespältige beurteilt werden. Weitgehender als dieser bleibt Brown seinen Forderungen zum Trotz dem 18. Jahrhundert verhaftet, indem er auch ein kaum durch empirische oder experimentelle Praxis belegbares System schafft. Dieser Widerspruch kann indes erklärt werden aus dem berechtigten Versuch, die adäquate Theorie von Praxis sogleich auf der Stelle zu leisten. Der Brownschen Theorie, und dies ist es, was sie so eminent überwertig macht, d. h. zum System erhebt, liegt eine scharfe Opposition gegen den Naturbegriff der ganzen antiken Medizin zugrunde, den man, in Anlehnung an Canguilhem [116], als „kontemplativ" bezeichnen könnte. Brown denkt demgegenüber „operativ", und, in seiner Reizlehre, die vom Physiologen erfaßbar das Milieu des Organismus bestimmt, gibt er sich selbst die nötige Theorie, seinem Aktionismus zum Sieg zu verhelfen. „So müssen wir, um Krankheiten vorzubeugen, oder sie zu heilen ... nie müßig seyn, und uns nicht auf die erträumten Kräfte der Natur, die ohne äußerliche Reize ganz unwirksam ist, verlassen." [117]

„Nie müßig seyn", sich „nicht auf erträumte Kräfte der Natur" verlassen, statt dessen ständig „reizen" und den dadurch erzielten therapeutischen Effekt kontinuierlich „beobachten", nötigenfalls auch die Therapie mehrmals korrigieren – diese Maximen verlangen und begünstigen die Entfaltung einer Medizin am Krankenbett ebenso wie die Verwissenschaftlichung der angewandten Heilmittel, ein Prozeß, in dem die intensive Beobachtung des Kranken gemeinsame Voraussetzung und treibende Kraft wird. Es verbindet sich die Forderung nach rationaler Therapie, die sich nur in einer gründlichen Erforschung von menschlicher Natur, d. h. Physiologie gründen darf, mit einer Absage an resignative hippokratische Tendenzen, die, um die Mitte des 18. Jahrhunderts eher verstärkt, abwartend jener heilkräftigen Natur vertrauten, an die der Bacon-Schüler nun nicht mehr glaubt. Mit dieser Bemerkung aber ist Brown zur Neukonzeption von Physiologie auf der Basis notwendiger und möglicher Interventionen in die Natur übergegangen.

3. Identität von Physiologie und Pathologie?

Bei seiner Kritik der Medizin, die eine angemessene Theorie der ärztlichen Praxis vermißt, in der, ganz im Sinne Röschlaubs, die Theorie als Theorie der Technik in die Dienste der Praxis treten soll, bleibt Brown freilich nicht stehen. Den technischen „Zweck aller medizinischen Erkenntnisse" sieht Brown, wie nach ihm Röschlaub, in „gewissen Erkenntnissen und Regeln", mittels derer „die Krankheit beseitigt werde". Ausgehend von den Bedürfnissen einer veränderten Praxis, die weder die Krankheiten als naturgemäße Übel akzeptiert noch ihre eigene Ohnmacht einzugestehen bereit ist, versucht Brown, seinem therapeutischen Aktionismus die nötige theoretische Basis, die Legitimität des Eingriffs, zu verschaffen. Die entsprechende Theorie findet sich in dem Satz, der zentral die Brownsche Lehre strukturiert: Zwischen physiologischen und pathologischen Phänomenen besteht eine substantielle Homogenität; in allen Organismen, während aller Lebensalter, bei beiden Geschlechtern, im Gesunden wie Kranken gelten dieselben materiellen physiologischen Elementargrößen Reiz, Reizbarkeit und Erregung, die immer gleiche Regeln und Gesetzmäßigkeiten im Lebendigen bedingen und garantieren. Außer diesen ist nichts zum Leben erforderlich, aus ihnen allein sind alle Phänomene erklärbar. „Die Vorstellung, als seyen *Gesundheit und Krankheit verschiedenartige Zustände* wird durch die Thatsache widerlegt, daß den Thätigkeiten, welche beide Zustände entweder hervor bringen oder entfernen, dieselbe Wirkungsart zukömmt." [118]

Ein ganzer Abschnitt der „Elementa" ist darauf verwandt, die Identität einer normalen und pathologischen Muskelkontraktion zu beweisen. Die Art und Qualität einer solchen Kontraktion bleibe gleich, egal, ob es sich um einen Krampf, ein Zittern oder Zuckungen handele, und ihre Ursachen je nachdem Schwäche oder (im Gesunden) Stärke heiße. [119] Daß die Wirkung (Kontraktion der Muskulatur) in beiden Phänomenen identisch sei, liege daran, daß ihnen die gleichen Gesetze, die der Erregung, zugrundeliegen. Brown negiert, was einer ganzen medizinischen Tradition bedeutsam war, nämlich besondere Prinzipien, z. B. eine Lebenskraft, die das qualitativ Unterschiedene des Pathologischen vom Normalen hervorheben würden. Mit leicht spöttischem Unterton bemerkt er in den „Observations": „Diese Kraft, von welcher man annahm, daß sie der Leibesbeschaffenheit inwohne, daß sie die krankhafte Bestrebung verbessere, und Einfluß auf die Wiederherstellung des gesunden Zustandes besitze, wurde unter verschiedenen Benennungen und in verschiedenen Graden ihrer angeblichen Macht beinahe in jedes System der Medizin aufgenommen. Nach dem Werke des fanatischen *van Helmont* sitzt sie als ein kleiner Genius in der oberen Mündung des Magens, und ertheilt dem ganzen Systeme Gesetze, indem sie zuweilen einen Zustand des Aufruhres erhebt, und zuweilen denselben dämpfet. Nach der Sprache eines *Stahl* wird dasselbe Wesen mit einem weniger lächerlichen Namen, als der *Archäus* des *van Helmont* ist, belegt, und heißt die *Weisheit der Seele*, welche beschäftiget sey, zwischen Bewegungen von heilsamem und nachtheiligem Streben zu entscheiden, und für die Gesundheit des Systemes gehörige Vorsicht zu treffen. Auf verschiedene Weise wurde es betrachtet, und wieder betrachtet, in verschiedenem Lichte gesehen, angenommen, verworfen, widerlegt, und wieder angenommen und vertheidigt. Allein jede Kritik dieser Lehre nach systematischem Raisonnement war eben so irrig, eben so weit von der Wahrheit entfernt."[120]

Sinn und Motiv dieser Brownschen Kritik, die von ihm in geringfügigen Abwandlungen mehrfach wiederholt wird und eine große Resonanz unter den medizinischen Autoren des 19. Jahrhunderts findet, müssen näher betrachtet werden. Die Verknüpfung von Physiologie und Pathologie setzt die Eliminierung von Prinzipien voraus, die die Krankheit als besonderen Zustand, als Übertritt in eine qualitativ vom Gesunden verschiedene organismische Seinsweise, kennzeichnen. Diese „Trennwände" in Gestalt eines „Archäus" oder eines Prinzips der „vernünftigen Seele" sind zu beseitigen, ehe die Identität physiologischer Regeln und Gesetze – wie und worin auch immer sie begründet sein mag – behauptet werden kann. Die Herstellung einer pathophysiologischen Denkweise und die Kritik an dualistischen Konzeptionen des Organismus fallen bei Brown notwendig, keineswegs zufällig zusammen. Ob Hippokrates oder Paracelsus, ob Stahl, Hoffmann oder van Helmont, alle verfallen dem Verdikt, nicht nachweisbare, „metaphysische" Lebensprinzipien zur Erklärungsgrundlage pathologischer Phänomene gemacht zu haben.

Herkunft und Motiv dieser Kritik sind dort zu suchen, wo eine Theorie der Krankheit nach physiologischen Gesetzen ebenso wie eine Intervention in das Krankheitsgeschehen erforderlich werden. Nosologie wie Therapie sind im 18. Jahrhundert wesensmäßig kontemplativ, beschauend. Dem äußerlichen Klassifizieren der Symptome, überwiegend sichtbarer Zeichen, entspricht eine Therapie, die sich auf körpereigene Heilkräfte verläßt und verlassen muß, da sie „tieferliegende" pathogenetische Prozesse nicht erkennt und beherrscht. Ein operativ therapeutischer oder diagnostischer Eingriff ist dieser Medizin wesensfremd, widerspricht ihrem gesamten Denkstil; er ist keinesfalls nur einfach unbekannt, noch nicht erfunden, sondern ihm fehlt mit der pathophysiologischen Denkweise jedes begriffliche Korrelat. Ein Eingriff in die Krankheitsmechanismen bleibt unmöglich, solange der kranke Organismus von Prinzipien regiert scheint, die es im Gesunden nicht gibt, Prinzipien, die darüber hinaus nicht erkennbar, „meta-physischer" Qualität, sein sollen.

Solange die alte Medizin Gesundheit und Krankheit als grundverschiedene organismische Seinsweisen begriff, war mit Erkenntnissen im Physiologischen noch nichts über deren Gültigkeit im Pathologischen ausgesagt. Diesen problematischen Dualismus und seine Aufhebung, die im pathophysiologischen Denken sichtbar wird, thematisiert fast 100 Jahre nach Brown Claude Bernard, wenn er schreibt: „Gesundheit und Krankheit sind nicht zwei Zustände, die ihrem Wesen nach unterschieden wären, wie es etwa die ältere Medizin annahm, und es heute immer noch einige Praktiker glauben. . . . In keinem Fall läßt die Krankheit neue Bedingungen, einen vollständigen Szenenwechsel oder auch neue und besondere Resultate erkennen."[121]

In dieser frühen Kritik dualistischer Konzeptionen von Gesundheit und Krankheit liegt die entscheidende historische Funktion der Brownschen Lehre, die deshalb im 18. Jahrhundert einzigartig dasteht. Die überragende Bedeutung der damit eröffneten pathophysiologischen Denkweise wird allerdings erst im 19. Jahrhundert in voller Breite bewußt, wobei die französische wie deutsche Rezeption lückenlos auf Brown zurückgeführt werden kann.

Es nimmt nicht wunder, daß es in Deutschland vornehmlich die Physiologen sind, Hecker, Pfaff, Burdach, Reil, die Browns Versuch einer physiologischen Pathologie wie pathologischen Physiologie begeistert aufnehmen und weiterentwickeln; denn die damit verbundene Aufwertung ihres Faches als Grundlagenwissenschaft der Pathologie führte sehr bald von denkerisch-konzeptionellen zu institutionellen Konsequenzen.

In Paragraph zehn des „Grundriß einer allgemeinen Physiologie und Pathologie des menschlichen Körpers" umreißt Pfaff Aspekte und Aufgaben der künftigen Pathophysiologie: „Bey genauerer Betrachtung erscheint (aber) die Trennung der Physiologie von der Pathologie als unnatürlich, und dem Interesse der wissenschaftlichen Kunst selbst nachtheilig. Denn da der gesunde und krankhafte Zustand ... beyde aus der Natur des menschlichen Körpers fließen, da sie beyde Darstellungen derselben nur unter verschiedenen Umständen sind, da sie beyde in den eigenthümlichen Kräften desselben ihren Grund haben, und da sie beyde nach Naturgesetzen erfolgen ... so läßt sich eben daher keine vollständige Theorie des gesunden Zustandes, ohne Rücksicht auf den krankhaften geben: der krankhafte für sich allein betrachtet ist ein isolirtes Phänomen, das nur aus dem gesunden abgeleitet und erklärt werden kann; der gesunde ist ein einseitiges Phänomen, das nur vermittelst der Betrachtung des kranken erschöpft werden kann." [122]

Mit wenigen Sätzen liefert Pfaff, Brown ergänzend, entscheidende Argumente für eine pathophysiologische Denknotwendigkeit. Eine Theorie der Pathologie kann nur aus der Erkenntnis des gesunden Zustands eines Organismus abgeleitet werden, und umgekehrt gibt es keine Erkenntnis des Gesunden ohne den forschenden Blick in das Pathologische. Beide Lebensphänomene wurzeln in der einen unteilbaren Natur des Organismus; es kann deshalb in Gesundheit und Krankheit nur eine gemeinsame Physiologie geben, nur ein gleichen Regeln und Gesetzmäßigkeiten unterworfenes Funktionieren des Organismus. Dies ist in knappester und reinster Form der neue pathophysiologische Diskurs, begründet, wie Pfaff verrät, um das wissenschaftliche Problem der Krankheit wirkungsvoll zu lösen. [123]

Im Vorwort seines Werkes nennt Pfaff die Edinburger Schule des ausgehenden 18. Jahrhunderts, namentlich Cullen, Brown und James Gregory, als die eigentlichen Urheber des pathophysiologischen Gedankens. Ob eine inhaltliche Integration von Physiologie und Pathologie bereits bei Cullen vorliegt, muß bezweifelt werden. Zugestimmt werden darf Pfaff jedoch, was Gregory anlangt, dessen „Conspectus medicinae theoreticae", zwei Jahre nach den „Elementa" erschienen, „die Physiologie mit der Pathologie zu einem wissenschaftlichen Ganzen zu verschmelzen" trachtete. [124]

Wohl zeigte Hecker in seiner „Physiologia Pathologica", Halle 1791—1799, daß es diese auch von Gaub [125] zu lernen gab und damit ohne Rückgriff auf den „Edinburger Kreis". Bezeichnenderweise aber vergingen zwischen der Herausgabe des ersten Teils dieser Schrift und dem zweiten sieben Jahre, die Hecker, wie man liest, nutzte, um sich zunächst mit Brown auseinanderzusetzen. [126] Die ohnehin auffälligen Parallelen zwischen Gaub und Brown, die bereits von der zeitgenössischen Medizin erkannt wurden, erklären sich durch deren gemeinsame Verwurzelung in Haller.

Allein logische Stringenz scheint Röschlaub zu gebieten, daß nur eine Physiologie gültig sein kann; nach deren Gesetzen verläuft das Leben im gesunden wie kranken Zustand der Organismen. Die Trennung eines natürlichen (physiologischen) von einem widernatürlichen (pathologischen) Zustand ist für Röschlaub ebenso fragwürdig, wie die Benennung der „sechs natürlichen, sechs nicht natürlichen Dinge ... unbegründet und irrig": „Wenn endlich Leben natürlicher, Krankheit oder Uebelbefinden widernatürlicher Zustand heißt, so müßte der menschlich, thierische Pflanzenkörper, wenn er krank ist, zugleich in natürlichem und widernatürlichem Zustande sich befinden. Als lebend nämlich befände er sich im natürlichen Zustande; als krank hingegen im widernatürlichen. Welche Logik muß diejenige seyn, die solche Vorstellungen als richtig genehmigt?" [126a]

Die neue pathophysiologische Theorie Browns versucht Röschlaub, in etlichen Paragraphen der „Pathogenie" zu untermauern. „Was ist Krankheit", heben seine Ausführungen an, um Schlag auf Schlag mit jenen Traditionalisten die Klingen zu kreuzen, die nicht einsehen, „daß den Erscheinungen im Zustand des Uebelbefindens schlechterdings keine anderen Akzionen zu Grunde liegen, oder sie begleiten, als welche auch im Zustand des Wohlbefindens von statten gehen; daß die Verschiedenheit derselben, welche man hier annehmen muß, bloß in Vermehrung oder Verminderung, dem Raume, der Zeit und Stärke nach bestehe ... Dieß ist der ganze Unterschied, den man zwischen den Lebensakzionen im Zustande des Wohlbefindens, und denselben im Zustande des Uebelbefindens mit Grunde annehmen kann." [126b]

Röschlaub stimmt mit Brown überein, wenn es gilt, die Medizin auf pathophysiologisches Denken zu verpflichten; Gesundheit und Krankheit sind der „nemliche Zustand". Verbindlich bleibt ebenfalls die Behauptung, daß es Grade seien, die Gesundheit und Krankheit unterscheiden. Dann aber fügt Röschlaub, die Brownsche Heterometrie bestätigend, zwei weitere Wesensmerkmale des Pathologischen hinzu, „Raum" (Heterotopie) und „Zeit" (Heterochronie), womit Browns quantitativer Krankheitsbegriff um qualitative Prinzipien erweitert und eine immer noch gültige Wahrheit der Pathologie ausgesprochen ist.

Röschlaubs Votum mag genügen, um zwei nicht unbedingt streng zu scheidende Entwicklungsstränge der pathophysiologischen Denkweise über die Physiologen einerseits und die Theoretiker der Naturphilosophie andererseits festzuhalten und zu kennzeichnen. Über diese Primärrezeption in Physiologie und Naturphilosophie um 1800 gelangt der pathophysiologische Diskurs zu Johannes Müller, nun bereits fester Bestand des medizinischen Denkens, um letztlich Virchow zu befruchten, für den ganz ohne Zweifel Pathologie nurmehr Physiologie mit Hindernissen ist. Bereits im ersten Leitartikel seines „Archiv für pathologische Anatomie und Physiologie und klinische Medicin", der Titel allein ist schon ein Programm, entwirft Virchow die weitreichende Vision einer Pathophysiologie, die Instrument und Zentralkraft der gesamten „theoretisch wissenschaftlichen Medicin" geworden ist. Damit ist sie keine neuartige Disziplin der Medizin, sondern Teil und Fundament des ärztlichen Denkens und Handelns. Nach Virchow steht sie nicht „vor den Thoren der Medicin, sondern mitten in ihrer Residenz". „ Die pathologische Physiologie empfängt die Fragen theils von der pathologischen Anatomie, theils von der praktischen Medicin; sie schöpft ihre Antworten theils aus der Beobachtung am Krankenbett selbst, und damit ist sie ein Theil der Klinik, theils aus dem Experiment am Thier." [127]

Die Pathophysiologie ist künftig die via regia zur Krankheit; sie ist Bindeglied zwischen Klinik und Labor. Indem sie Methode ist, damit allen Bereichen der Medizin gleichermaßen unentbehrlich, kann sie, wie Virchow erkennt, keine eigenständige Disziplinentwicklung nehmen. Zwischen Theorie und Praxis, zwischen Heilen und Erkennen, wird sie zur „Veste der wissenschaftlichen Medicin, an der die pathologische Anatomie und die Klinik nur Außenwerke sind!"

Hat sich am formalen Charakter der pathophysiologischen Denkweise als gegenseitige Durchdringung von Physiologie und Pathologie zwischen Brown und Virchow wenig geändert, so doch alles in der inhaltlichen Begründung jener Einheit. Diesbezüglich substantielle Veränderungen müssen neben der beschriebenen Kontinuität gesehen werden, bilden gemeinsam erst den historischen Prozeß. Browns monistische Pathophysiologie gründet sich auf einen Erregungsbegriff, der, wenngleich anschaulich, spekulativ gewonnen ist. Die Einheit des Systems Organismus wird eher behauptet als bewiesen. Diese Theoreme des 18. Jahrhunderts werden im Zuge der Vernaturwissenschaftlichung der Medizin ersetzt durch mechanische und chemische Gesetzmäßigkeiten, die nun die Einheit des Organismus in Gesundheit wie Krankheit herstellen. „Es gibt keine zwei Chemien", die naturgesetzliche Unterschiede begründen würden; weder lassen sie sich, wie Bernard unterstreicht, zwischen den Bereichen des organischen und anorganischen, noch zwischen gesunden und kranken Organismen feststellen: „Die Vorstellung von einem Kampf zwei einander widerstreitender Agentien, von einem Antagonismus zwischen Leben und Tod, zwischen Gesundheit und Krankheit, zwischen unorganischer Natur und der belebten sind mittlerweile veraltet. Es gilt überall die Kontinuität der Phänomene zu erkennen, ihren unmerklichen Übergang (gradation insenible) ineinander." [128]

4. Quantifizierung und Messen

Will man den Prozeß der Vernaturwissenschaftlichung in der Medizin nachzeichnen, so ist es nützlich, sich zu vergegenwärtigen, daß die Naturwissenschaften allgemein einen in zweifacher Hinsicht neuartigen Zugang zum Naturphänomen begründen, der *operativ* und *apparativ* zu nennen ist. Dies wird um so deutlicher, zieht man etwa mit der romantischen Naturforschung, ihrer Lehre von den Ähnlichkeiten etc., Alternativen zum Stile der Naturwissenschaften vergleichend heran. Nicht das sinnlich Gegebene ist Gegenstand der Naturwissenschaft, sondern ausschließlich das durch Apparate Gegebene. In der Zwischenschaltung der Apparatur zerstreut die naturwissenschaftliche Methode die Diffusheit, Unbeständigkeit und Subjektivität der Phänomene, um sie identifizierbar, unterscheidbar und reproduzierbar zu machen.

In zwei ergänzenden Ebenen läßt sich die Vernaturwissenschaftlichung der Medizin vornehmlich skizzieren; als Entwicklungsgeschichte apparativer Techniken sowie als Adaptionsprozeß des medizinischen Denkens an diese Techniken. Es genügt nicht, eine Chronologie der Meßinstrumente anzufertigen − der Strukturwandel der damit gemessenen Objekte ist ebenfalls in die Betrachtung einzubeziehen. Dabei bestimmt sich der Stand moderner Medizin wesensmäßig am Entwicklungsgrad ihrer quantitativen Begrifflichkeit. Übergänge, Theoriebrüche, insgesamt vorläufige Entwicklungsschritte lassen sich auch in dieser Hinsicht besser am unfertigen Modell Brownscher Begriffe studieren als bei den ausgereiften Autoren des 19. Jahrhunderts.

Man wird sich fragen, wie Brown, wenn er Homogenität zwischen dem Physiologischen und Pathologischen behauptet, überhaupt Differenzen festhalten will, sollen sie nicht völlig ineinander aufgehen. An dieser Stelle wird bedeutsam, daß von einem graduellen Unterschied die Rede ist. Die Begriffe „Grad" und „Stufenfolge" sollen offensichtlich sowohl einen lückenlosen Zusammenhang, als auch die Unterschiedenheit der Phänomene garantieren. Brown meint eine Kontinuität des Pathologischen mit dem Physiologischen dergestalt, daß der pathologische Zustand rückbeziehbar ist auf den physiologischen, der jenem zeitlich vorausgeht und dessen quantitative Abweichung er darstellt.

Eine solche Lösung ist konsequent, aber auch schwerwiegend. Sind die qualitativen Unterschiede zwischen physiologischen und pathologischen Phänomenen abgetan, muß ihre Differenz in Begriffen der Zeit und Quantität, was „Grad" ja meint, ausgedrückt werden. Die Suche nach quantifizierbaren Elementargrößen (Reiz − Reizbarkeit − Erregung) war also mehr als die Erprobung und Übernahme eines physikalischen Modells in die Medizin. Sie entsprach einer theoretischen Notwendigkeit, die sich durch die Leugnung des qualitativen Unterschieds zwischen physiologischem und pathologischem Zustand ergeben hatte.

In dieser Sicht lassen sich auch die umfassenden mathematischen Analysen Browns sinnvoll einordnen: Sie müssen einen Unterschied neu begründen, der zuvor zu verschwinden drohte. Betrachten wir die Rechenexempel, so fällt schon allein ihr erstaunliches Ausmaß auf. Immer wieder benötigt er Quantifizierungen, um eine Zuordnung „pathologisch − normal" vornehmen zu können oder die rationale Therapie eines stärkenden oder schwächenden Mittels zu beweisen. So wird im festen Glauben, eine gewinnbringende Analyse geleistet zu haben, der Einsatz des „kalten Bades" befürwortet: „Der Grundsatz, auf welchem die Wirkung des kalten Bades beruht, ist nie verstanden worden, und daher war alles Rässonnement darüber, so wie die Anwendung desselben blind und schwankend. Nimmt man eine Stufenleiter der Erregung an, in welcher 40 den mittleren und gesunden Punkt der Erregung und 70 den letzten Grad des Übermaßes derselben anzeigt, so leidet das kalte Bad bey allen Graden der Erregung, die zwischen diesen beiden Punkten enthalten sind, seine Anwendung. Von 80 zu 70, . . . so wie auch bei allen Graden der Erregung von 40 bis zu 0 herab, taugt das kalte Bad als eine schwächende Potenz, so wie von dieser Art, gar nicht." [128a]

Die Wirkung des Alkohols, den er therapeutisch stärkend einsetzte, erläutert Brown ähnlich: „Wenn es jemand an gehöriger Reizung durch Wein fehlt, und seine Erregung z. B. nicht über 30 steigt, so wird dieselbe durch ein Glas Wein um zwey Grade, durch ein zweytes um ferner zwey Grade erhöht werden, bis dieselbe endlich nach fünf Gläsern sich auf 40 befindet, und nun alle seine Verrichtungen wohl . . . von Statten gehen . . . Gesetzt . . . er trinke noch fünf

Gläser weiter, so wird die Erregung bis zu 50 Graden ... hinaufsteigen ... die Erregung nehme immer noch zu, so werden auch seine Geistesverrichtungen noch mehr gewinnen, seine Leidenschaften und Gemüthsbewegungen aller Art werden ebenfalls an Lebhaftigkeit zunehmen. Nun bringe man ihm außerdem noch fünf neue Gläser bey, so werden ... alle Seelen- und Leibesverrichtungen allmählich ermatten, seine Zunge, Füße, Augen, sein Gedächtnis ... werden ihm ihren Dienst versagen ..." da er eben langsam in den Grad der indirekten Schwäche gelangt. [129]

Sein Anspruch, jeden und alle qualitativen Unterschiede in die Sprache der Mathematik zu übersetzen, wird geradezu zur Manie und treibt groteske Stilblüten, so etwa, wenn er den Konstitutionsunterschied zwischen einem Arbeiter und einem Edelmann [130] berechnet oder die Erregung eines erkrankten Teiles im Verhältnis zum Körperganzen, mit dem eine Differenzierung zwischen örtlichem und allgemeinem Leiden beabsichtigt ist. „Um den Grad des Leidens des mehr afficirten Theiles, und den Grad des Leidens, das über den ganzen Körper verbreitet ist, gehörig zu *schätzen* (Hervorh. v. Verf.), darf man nur das Leiden des ersteren mit so viel kleineren Leiden zusammengenommen, als man gleiche Theile im übrigen Körper annehmen kann, vergleichen. Gesetzt, die größere Afficirung eines Theils sey = 6, und die geringere Afficirung jedes andern Theils = 3, und die Zahl der weniger afficirten Theile betrage 1000 (was gewiß die Wahrheit nicht überschreiten heißt), so wird daraus folgen, daß die Afficirung jenes einzelnen Theils sich zur Afficirung des ganzen übrigen Systems verhält wie 6 zu 3000." [131]

Diese Passagen enthüllen schon die Schwierigkeit, in die Brown gerät. Alle Differenzen zwischen gesund und krank sollen meßbar werden. Den momentanen Erregungsgrad, das Krankheitsstadium berechnend, wird die therapeutische Intervention mathematisch abgeleitet. Doch allein das Vokabular − vom Schätzen ist die Rede − legt die näher zu prüfende Vermutung nahe, daß allenfalls Relationen zwischen erregten und nicht erregten Körperteilen, zwischen gesunden und kranken Vorgängen im Organismus aufgewiesen werden können. Das Zahlenmaterial ist fiktiv, eben „gesetzt": Von einer Entzündung will Brown wissen, sie besitze die Erregung 54 − man fragt sich vergebens, ob das viel sei. Auf diese Weise gelingt letztendlich, und das soll genauer gezeigt werden, keine zureichende Bestimmung des pathologischen Phänomens, und der weitreichende Versuch einer rationalen mathematischen Pathologie, einer endlich logischen Therapeutik, insgesamt also ein Wunsch nach Gewißheit und Exaktheit in der Medizin, gerinnt zu dessen entschiedener Karikatur.

Sehr deutlich zeigt sich das an Browns ehrgeizigstem Unternehmen, nämlich dem, ein Meßinstrument zu entwickeln, als das man die Skala der Krankheiten interpretieren kann. Wie den „Observations" zu entnehmen ist, hatte Brown selbst dieses Instrument, das man ein Krankheitsthermometer genannt hat, so konzipiert: „Der Verfasser der Anfangsgründe pflegte bei seinen Vorlesungen seine gesammte Doktrin in einer so einfachen Übersicht vorzutragen, daß sie sich durch eine *Stufenleiter* bezeichnen läßt. Er zog eine *Linie*, theilte sie in *achtzig* Theile, welche ebensoviele Grade der Erregbarkeit ausdrücken, welche einem gegebenen Systeme bei dem Beginnen seines lebenden Zustandes verliehen sey. So lange alle diese noch unvermindert sind, muß man das System, als noch nicht zum lebenden Zustande gebracht, ansehen. Wenn hingegen

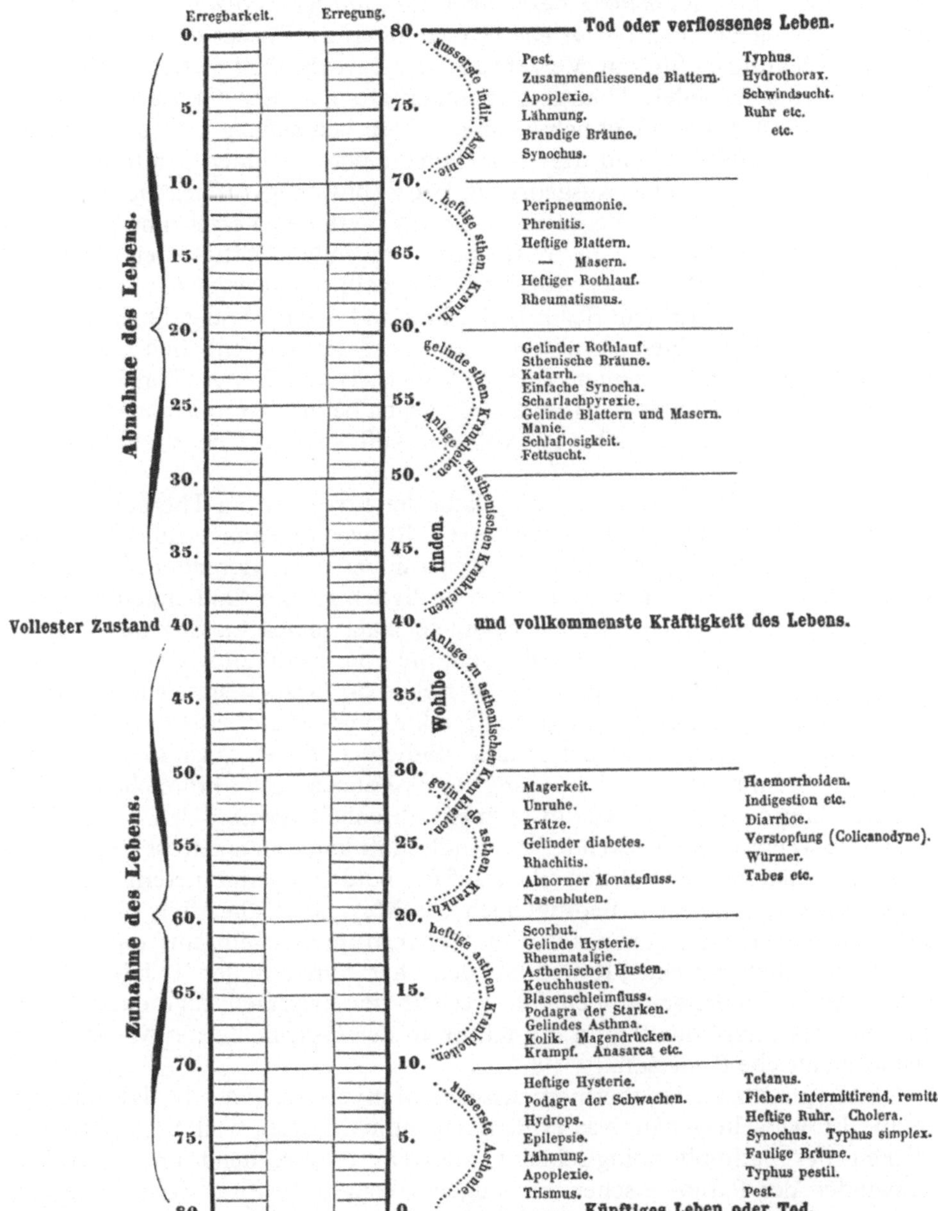

Abb. 5. Skala der Erregung. Aus: Hirschel: Geschichte des Brown'schen Systems. Dresden, Leipzig 1846

alle dieselben aufgezehrt sind, so ist anzunehmen, daß das Leben zu Ende sey. Das Grenzzeichen bei *achtzig* bezeichnet das *künftige Leben* (vita futura); das Zeichen 0 hingegen das *verflossene* (vita praeterita). Ferner die *Zunahme des Lebens* verhältnismäßig zur Verzehrung der Erregbarkeit, welche durch das Wirken der erregenden Thätigkeiten innerhalb gewisser Grenzen hervorgebracht wird, ist durch die abnehmenden Zahlen von *achtzig* bis *vierzig* auf der Linie der Erregbarkeit, und durch die zunehmenden Zahlen von 0 *bis vierzig* auf der Linie der Erregung ausgedruckt. Die Zahl *vierzig* auf beiden bezeichnet den Punkt des Lebens im Verhältnisse zu jeder ferneren Verzehrung der Erregbarkeit, welche noch durch das Wirken der erregenden Thätigkeiten verursacht wird, durch die fortgehende Abnahme der Zahl von *vierzig bis zu 0* ausgedruckt: eben so in Hinsicht der Erregbarkeit und der Erregung. Diese Darstellung läßt sich betrachten sowohl als eine Leiter des menschlichen Lebens von seinem Beginnen bis zu seinem Ende, als auch als eine Leiter aller der Abweichungen von dem Punkte der Gesundheit gegen beide Extreme der Anlage und des krankhaften Zustandes bis zur völligen Auflösung des lebenden Zustandes im Tode." [132]

Mit einigem Recht hat man die Skala der Erregung ein Thermometer genannt. Zunächst erscheint die Divergenz — Browns Erregungsskala blieb Konstrukt und wurde nie ein rechtes Meßinstrument — gravierender als eine nur oberflächliche Verwandtschaft. Die diesbezüglich größte Ähnlichkeit erhält sie durch den Vergleich mit der Thermometerskala seines Landsmanns Fowler, mit der Einschränkung, daß Fowler sein nie von breiteren wissenschaftlichen Kreisen aufgenommenes Thermometer mit je 50 Graden statt wie Brown 40 Graden beidseits eines mittleren Nullpunktes ausstattete. Historische Bezüge zu anderen Thermometermodellen und -studien, an denen es gerade im Schottland des 18. Jahrhunderts nicht mangelte [133], können kaum hinreichend belegt werden, da Brown einzig Kenntnisse über Fahrenheit verrät. [133 a]

Diese wenig beeindruckende Verwandtschaft kann man getrost beiseite lassen, lenkt man erst einmal den Blick auf die beiden Thermometern zugrundeliegenden systematischen Bedingungen des Messens. Dabei fällt nicht selten dieser Vergleich zugunsten des Brownschen Instrumentariums aus, das um einige, näher zu beleuchtende, Reifegrade den Thermometern des 18. Jahrhunderts überlegen ist, Nebenbei sei bemerkt, weshalb der Vergleich trägt, daß der Einführung des Thermometers in die Klinik in der Geschichte des Messens eine paradigmatische Rolle zufällt. [133 b]

Im Gegensatz zu den thermometrischen Meßversuchen des 18. Jahrhunderts wußte Brown sehr genau, was er denn eigentlich messen wollte. Der Notwendigkeit des pathophysiologischen Gedankens entsprechend und dem Verschwinden des Pathologischen vorbeugend, konnte dies nur der Unterschied zwischen gesund und krank sein. Die sporadisch ein Thermometer konsultierenden Ärzte des 18. Jahrhunderts wußten dies nicht, und für ebenso wahrscheinlich, wie den Unterschied von gesund und krank, hielten sie die Möglichkeit, daß das Thermometer alters-, gattungs-, geschlechts-, oder gar individualspezifische Differenzen zum Ausdruck bringe.

Mit Fahrenheit und der auf ihn zurückgehenden ersten medizinischen Verwendung des Thermometers durch Boerhaave, war nicht viel mehr als ein physikalisches Problem gelöst und am Menschen neu gestellt. Das Thermometer, so

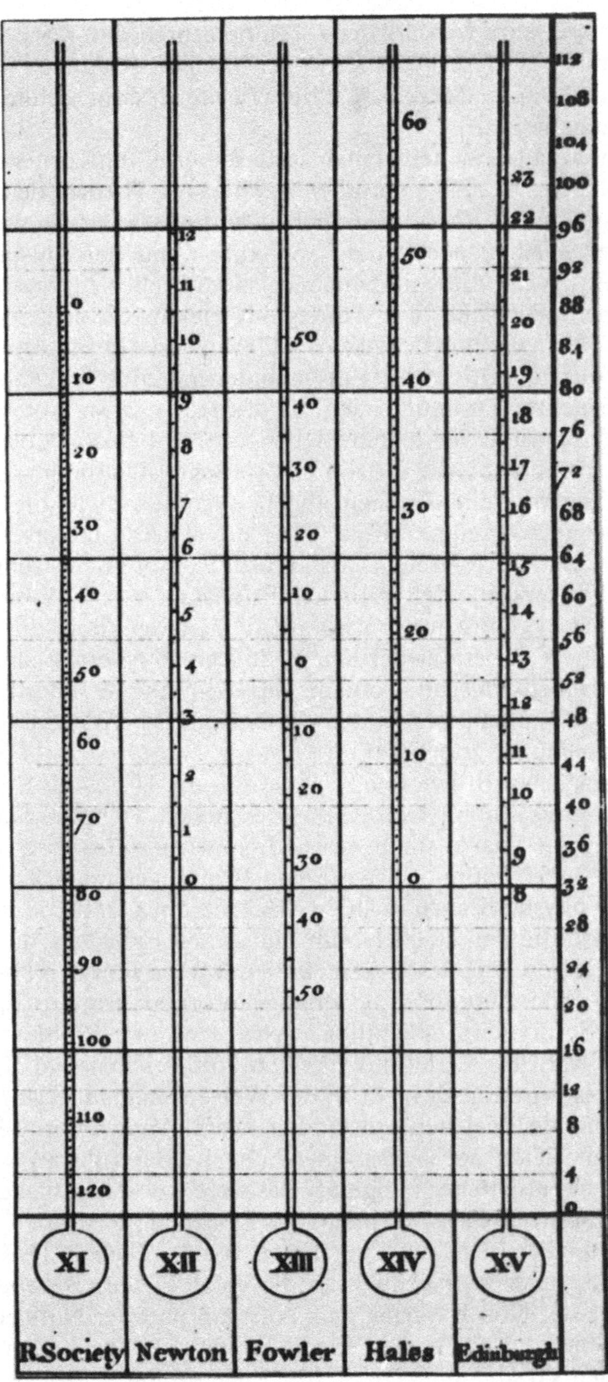

Abb. 6. Die im 18. Jahrhundert gebräuchlichen schottischen Thermometerskalen. Nach: Martine, G.: Essays medical and philosophical. London 1740

wußte man, lehrt, verschiedene Temperaturen der Körper zu erkennen. Aber was konnte mit dieser Aussage in der Medizin gewonnen werden? Wozu sollten feine quantitative Merkmale, die Wärme des menschlichen Körpers, unterscheiden helfen?

Wohl zu allen Zeiten signalisierte die erhöhte Körperwärme das Vorliegen eines Fiebers. Besieht man aber Boerhaaves Theorie des Fiebers, wie sie die Aphorismen (557−767) wiedergeben, so findet man die „Hitze" nur als ein allgemeines Zeichen neben dem „Schauer" und der Pulsbeschleunigung nachgeordnet: „Wenn diese nun auch in jedem Fieber zugegen sind, so ist doch nur der schnelle Puls stets, von Anfang des Fiebers bis zu seinem Ende vorhanden, aus ihm allein erkennt der Arzt die Gegenwart des Fiebers." [133c] Aus einem einfachen Grund erhielt die Pulsveränderung diese diagnostische Wichtigkeit. Eine vermehrte Zusammenziehung des Herzens, so lautete die physiologische Begründung, finde bei jedem Fieber statt, wobei die dabei vermehrte Reibung der Blutkörperchen die Hitze hervorbrächte. Dadurch war klar, daß der Puls das pathognomische Zeichen abgeben mußte, nicht die sekundär durch die Blutbewegung erzeugte Hitze. Statt des Thermometers hätte Boerhaave zur Fiebermessung erfolgreicher die Pulsuhr empfohlen, wenn er nicht auch hier auf die Souveränität der ärztlichen Erfahrung jedem Meßinstrument gegenüber gesetzt hätte. Gelöst war zu Boerhaaves Zeiten allein der physikalische Sachverhalt, die Temperatur der Körper in Zahlen zu erfassen. Offen blieb aber das eigentlich medizinische Problem, was denn die veränderte Temperatur besage. Und das vor allem, weil einem diesbezüglichen Wissen kein pathophysiologischer Erkenntniswert zukam.

Schenkt man Brown Glauben, so soll die Höhe der Erregung Auskunft geben über das pathophysiologische Geschehen. Der Erregung lassen sich Zahlen zuordnen, die das Ausmaß des pathologischen Prozesses exakter zur Geltung bringen. Aufschlußreich ist die von Brown genannte Korrelation, die gegenüber der physikalischen (Zahlen − Körpertemperatur) quasi eine doppelte geworden ist, die der Zeichen zum Phänomen Erregung, das wiederum zum pathophysiologischen Geschehen. Am konkreten Fall der Thermometrie muß die entsprechende Zuordnung: Zahlen − Körperwärme − Entzündung getroffen werden. Sofort wird ersichtlich, welches weitere Problem im 18. Jahrhundert ungelöst war, das Verhältnis nämlich von Zeichen und Krankheit. Index und Indiziertes waren noch nicht in der Weise auseinandergetreten, daß ein konziser Grund der Zeichen entstanden wäre. Anders formuliert: Symptom und Krankheit fielen noch zusammen. Die Fieber (plural) waren die Krankheit selbst, nicht als Fieber (singular) das Zeichen der Entzündung. Erst Broussais, der Nachfahre Browns, vermag 1808 in seinen „Histoire des phlegmasies chroniques" die Perspektive einzunehmen, die den Gehalt des Fiebers auf die Hitze beschränkt und es ursächlich an die entzündeten Gewebe bindet. Indem nun die Höhe der Körperwärme dem Ausmaß und der Natur der Entzündung entsprach, entstand ein weitergehendes Interesse, das Fieber zu messen, um dadurch den Grad und Verlauf der Entzündung selbst zu beobachten. In der Quantifizierung des Fiebers lag ferner die künftig auch dem Laien ablesbare Veränderung, die über gesund und krank entschied. Ermöglicht wurde dies durch ein Verhältnis von Symptom und pathophysiologischem Grund, welches der Syntax des Messens entgegenkam. In einem gewissen Umfang beginnt

schon mit Brown die Neuverteilung von Symptom und Krankheit − denn zu
Messen ist sein Anliegen − ein Umstand, der in einem späteren Kapitel noch zu
würdigen ist.

Erst mit dieser Konzeptualisierung von Symptom und Krankheit entsprechend Index und Indiziertem, womit der Körperwärme ein pathophysiologisches Geschehen korreliert, konnte Messen erfolgreich sein. Das verweist auf
ein dem Messen inhärentes Klassifizieren, das nun als Skalenproblem ins Blickfeld gerät. Bereits Boerhaave vollzieht eine einfache Klassifikation auf Nominalskalenniveau, sobald seine Hand die Hitze der Kranken prüft. Höherwertige
Skalierungen pathophysiologischer Phänomene sind in der Medizin bis weit ins
18. Jahrhundert hinein ungebräuchlich, wahrscheinlich auch unmöglich. Boerhaaves Antwort konnte nun lauten: Eine Hitze ist vorhanden oder nicht, was
weiter auf das Vorliegen eines Fiebers schließen ließ. Ebenso hätte er Hippokrates folgend unterschiedlich erwärmte Körperregionen feststellen können:
Um ein Empyem zu lokalisieren, schlug dieser vor, den Thorax mit feuchter
Erde zu umhüllen. Die zuerst getrocknete Stelle ist die, wo die Inzision vorgenommen werden sollte. Auch mit diesem Vorgehen wäre die Klassifikation einer Eigenschaft auf Nominalskalenniveau verbunden. Eine Messung jener Hitze war unwichtig, weil der diesbezüglich verbesserten Beobachtung kein pathophysiologischer Wert (Boerhaave) oder therapeutischer Zweck (Hippokrates)
zukam. Hatte die Prüfung der Körperwärme bestätigt, daß ein Fieber vorlag,
so oblag die genauere Klärung, um welches Fieber es sich handele, den bei
Francisco Torti (s. o. S. 36) ersichtlichen Merkmalen. [133 d]

Eine demgegenüber veränderte Skalierung, die der heutigen Thermometerskala schon beträchtlich näher rückt, schlägt die Brownsche Skala der Erregung
vor. Bezieht man sich zunächst auf die linksseitige Gradeinteilung, so ist unschwer zu erkennen, daß eine Skalierung auf Intervallskalenniveau angestrebt
wird. Dies wäre nun freilich ein Meßniveau, das die Thermometerskala erreichte, wenn es verwirklicht würde, d. h. wenn Brown eine Meßeinheit angeben könnte. Was 1° der Erregung sei, vermag er jedoch nicht zu definieren, da
ihm die (materielle) Beschaffenheit und Lokalisation der Erregung im Körper
unbekannt ist. Die dieser vermeintlichen Intervallskala gegenüberstehenden
Krankheiten sind auf einem Ordinalskalenniveau geordnet. Wie Browns Ausführungen in §§ 448−450 der „Elementa" belegen, sollen größer−kleiner Relationen der Erregung ihre Reihenfolge angeben. Bezeichnenderweise wurde diese Form der Klassifikation niemals wiederholt, denn ein Einwand kann sofort
erhoben werden: Alle Krankheiten müßten ausreichend über die Erregung, allgemeiner, durch einen einzigen Parameter, bestimmbar sein! Andernfalls enthielte die Ordnung ein willkürliches Moment, in dem, wie hier bei Brown, die
Reihenfolge austauschbar bleibt.

Die Brownsche Skala der Erregung, meßtechnisch gesehen ein Monstrum,
da sie drei Skalentypen kombinieren will, erprobte die Möglichkeit von Quantifizierung und Messen in der Medizin, wobei insbesonders der Klassifikationsprozeß problematisch blieb. Diese Schwierigkeit soll nochmals verdeutlicht
werden, da sich hierin möglicherweise ein allgemeiner Befund verbirgt.

Versteht man mit Campbell unter Messen die Zuordnung von Zahlen zu
Dingen oder besser zu deren Eigenschaften, so wird man sich der Ansicht nicht
verschließen können, daß Brown mißt. Erst die Einengung dieser Definition

durch Stevens — Messen ist Zuordnung von Zahlen/Zeichen zu Objekten oder Ereignissen gemäß Regeln [133e] — schließt Browns Verfahrensweise als nichtmetrische aus. Einer Erregung von 54 könnte er ebensogut den Zahlenwert 55 beilegen, zumindest verschweigt er jede Regel, die sein Vorgehen legitimieren würde. Die Beschreibung der Erregungsskala — „der Verfasser der Anfangsgründe ... zog eine Linie, theilte sie in achtzig Theile ..." — verdeutlicht, daß hier fiktive Zahlen ohne irgendeine nachvollziehbare Regel, gleichsam in freier Setzung, den Erregungsstufen zugeteilt wurden. Brown verfährt im Geiste des 18. Jahrhunderts spekulativ, wo er eigentlich mit dem 19. Jahrhundert empirisch überprüfbare Gesetzmäßigkeiten verlangen müßte. Aber zugestanden eine Erregung besäße begründbar den Zahlenwert 54, so bliebe immer noch unklar, auf welchen pathophysiologischen Kontext sich diese Aussage erstreckte. Ungelöst scheint nicht so sehr die Einführung quantifizierbarer Größen in die Physiologie als vielmehr deren nachmalige Klassifikation. Ein Skalenproblem verunmöglichte bei Brown die Messung, nun im Sinne eines Messens auf Intervallskalenniveau.

Sollte dieser Befund allgemeine Gültigkeit besitzen, so muß man vermuten, daß Quantifizierung und Messen in der Medizin wenigstens zwei historische Etappen erforderten. Das Monströse wiederum am Brownschen Meßinstrument ist der Status quo eines historischen Kompromisses. Einmal mehr, zumindest wenn man es am eigenen positivistischen Erkenntnisideal mißt, liegt es auf der Grenze zum wissenschaftlichen Denken.

Versucht man zusammenfassend eine Antwort zu geben auf die mögliche historische Funktion der Meßverfahren in der Medizin — bei Brown eine naheliegende Folge der drohenden Identität von Physiologie und Pathologie — so ist es hilfreich, sich die systematischen Ziele des Messens vor Augen zu führen. Messen ist Beobachten mit größerer Genauigkeit. Zum anderen wird mittels Messen eine Informationsverdichtung durch Datenreduktion herbeigeführt. Beabsichtigt die erste Zielsetzung die Präzisierung der Eigenschaften eines Gegenstandes, so unternimmt die zweite eine Klassifikation der Aussagen über die beobachteten Gegenstände.

Kennt man diese Implikate jedes Messens, so erhalten die eingangs erwähnten historischen Vorgänge in der Physiologie und Pathologie des 18. Jahrhunderts (s. o. S. 36 ff.) eine neue Gestalt. Die Suche nach Meßverfahren, mit der Brown keineswegs allein steht, läßt sich als Antwort auf die Krise der Nosologien verstehen. Wie geschildert mußte die Medizin im 18. Jahrhundert praktisch werden. [133f] Um in das Krankheitsgeschehen einzugreifen, war ein Verständnis der zur (Wieder-)Gesundung führenden Prozesse gleichermaßen notwendig wie eine Erkenntnis der krankmachenden Einflüsse. Folge des enormen Praxisdrucks war die Präzisierung der ärztlichen Beobachtung, zunächst ihrer Methodik: Eine ganze Literaturgattung widmet sich plötzlich der „Gewißheit der Erkenntnis" in der Heilkunde. Das Erreichte war indes das Gegenteil vom Zweck. Denn die verbesserte Beobachtung erzeugte über die Vermehrung der empirischen Befunde, die additiv, nicht integrativ den vorhandenen Klassifikationsschemata zugewiesen wurden, eine Expansion der nosologischen Systeme. Diesem unübersichtlichen Wissen entsprach obendrein, wie Brown bemerkt, kein Zuwachs an therapeutischen Mitteln. War der Arzt mit Francisco Torti endlich zur Feststellung „Febris putrida continua remittens proporcionata quartana triplex" gelangt, so blieb ihm therapeutisch ungefähr dasselbe zu tun wie bei einer Erkrankung mit der Diagnose einer benachbarten „Simplex"-Verzweigung. Die Nosologien waren nicht nur diagnostisch unpraktisch. Schwerer wog die therapeutische Sinnlosigkeit der aufwendigen klassifikatorischen Bemühungen.

An diesem Schnittpunkt eines therapeutischen und diagnostischen Dilemmas entsteht im Ausgang des 18. Jahrhunderts der pathophysiologische Diskurs. Den Forderungen der Praxis entsprechend verspricht er sogleich mit Brown diagnostische Übersicht und therapeutische Wirksamkeit. Der darin vollzogene, Gesundheit und Krankheit (fast) gleichsetzende Kunstgriff, der einer wissenschaftlichen Problemlösung der Krankheit entsprach, auf der Ebene des Patienten indes keine Gültigkeit besitzt, verlangte die momentane Suche nach neuen Dimensionen des Pathologischen, die bei Virchow Heterometrie, Heterochronie und Heterotopie heißen werden. Die Entfaltung dieser drei Kategorien des Pathologischen zeichnet sich mit der Jahrhundertwende ab, so daß Virchow auf sie zurückgreifen kann. Mit einigem guten Willen sind sie jedoch schon bei Brown erkennbar, obwohl er unzweifelhaft dafür einsteht, eine „Mathematik der Pathologie" gewünscht zu haben. Über den Begriff der „Anlage" (s. IV. 5) kehrt die Zeit in die Brownsche Nosologie zurück, verändert freilich gegenüber Boerhaaves und Tortis Zeitbegriff, der sie Tertiana- und Quartana-Fieber wahrnehmen ließ. Auch die Zeit ist nurmehr eine quantitative Größe. Als *Variable* ist sie nicht eine unter vielen Eigenschaften der Fieber – sie prägt den Verlauf des Fiebers. Weniger deutlich und entschieden setzt sich die Verräumlichung des Pathologischen durch (s. IV. 4). Doch von der Auseinandersetzung mit Morgagnis Pathoanatomie angeregt, entsteht unausgesprochen auch die Idee der Heterotopie in der Brownschen Begrifflichkeit.

IV. Der pathophysiologische Diskurs und seine Auswirkung auf den Krankheitsbegriff

Browns schon monotoner Refrain über die Krankheit, der dem 19. Jahrhundert das Thema geben wird, lautet: Krankheit ist eine lediglich quantitative Abweichung der physiologischen Verhältnisse von der Norm, eine Intensitätsveränderung. Ein Zuviel der Erregung bezeichnet den Zustand der Sthenie, ein Zuwenig den der Asthenie. „Die allgemeinen Krankheiten, welche von übermäßiger Erregung herrühren, sollen sthenische, diejenigen, die aus mangelnder Erregung entspringen, asthenische genannt werden. Es giebt also zwey Hauptformen von Krankheiten ..." [134]. Und um gleich konkret in ein praktisches Beispiel einzusteigen: „Die nehmlichen schädlichen Potenzen erregen und ... heilen sowohl den Katarrh als auch die Peripneumonie, die *bloß dem Grad nach verschieden sind*" (Hervorh. v. Verf.). [135] Hier haben wir nun eine deutliche Aussage: Der Katarrh ist nur graduell von der Pneumonie unterschieden, die sozusagen seine Übertreibung darstellt. Obgleich man geneigt sein mag, diese Behauptung mit dem schlichten Hinweis auf die verschiedenartige Phänomenologie der beiden Krankheiten sofort beiseite zu schieben, tut man gut daran zu fragen, aus welchem Blickwinkel Brown Katarrh und Pneumonie in dieser zunächst befremdlichen Weise beurteilt. Es ist dies der Standpunkt des Physiologen, den er einnimmt; Brown interessiert ein Teilmoment des Krankheitsgeschehens, der physiologische Mechanismus der Erregung, angesichts dessen die sinnlich wahrnehmbare Differenz zur Wahrnehmung von meßbaren Distanzen zusammenschrumpft. Statt der Symptome wird die Entstehung dieser Symptome in einer freilich monokausalen Ursache (Erregung) gesehen, statt des klinischen Bildes ist der pathophysiologische Kontext konstitutiv. Auf die Ebene der Erregung bezogen aber können tatsächlich alle qualitativen Gegensätze von gesund und krank wie die phänomenologische Verschiedenheit der Krankheiten in quantitative Kontinuität aufgelöst werden.

Der Verlauf der Geschichte, der jene Wahrnehmungsverschiebung und die zugrundeliegende Denkweise, Krankheit sei quantitative Abweichung von der Norm, gefördert hat, beweist, daß hier kein Einzelgängertum eines klinisch wenig versierten Theoretikers vorlag. Mit Nachdruck und eingehender Fundierung in einer verständlichen Physiologie hat Claude Bernard Browns Intention fortgesetzt. Anhand der Schrift über den Diabetes, ein Gebiet, auf dem Bernards bekannteste und verdienstvolle Forschungen liegen, lassen sich die Gründe erläutern, die auch ihn bewegen, Krankheit als bloße Intensitätsveränderung zu verstehen. „Der Diabetes ist nämlich durch folgende Symptome gekennzeichnet: Polyurie, Polydipsie, Polyphagie, Autophagie und Glykosurie. In keinem dieser Symptome haben wir eigentlich ein neues, dem Normalzustand unbekanntes Phänomen vor uns; keines ist spontane Hervorbringung der Natur.

Vielmehr gibt es sie alle schon vorher, nur im Normalzustand nicht mit gleicher Intensität wie im Krankheitszustand." [136] Während Bernard der Nachweis einer Übersteigerung normaler organismischer Vorgänge bei Polyurie, Polydipsie und Polyphagie allein schon symptomatologisch gesichert erscheint, bedarf die Glykosurie einer veränderten Betrachtungsweise; denn eine Glykosurie ist kein Befund, der im Normalen zu erwarten wäre, auch nicht, wie Bernard spekuliert, bei Verbesserung der Meßinstrumente.

An dieser Stelle ändert Bernard den Argumentationszusammenhang. Er verläßt die klinisch-symptomatologische Ebene und analysiert die Entstehung des Symptoms Glykosurie. Dabei gelangt er auf den Zusammenhang von abnormer Glykämie und Glykosurie. Ab einer kritischen Schwelle des pathologisch erhöhten Blutzuckerspiegels sind die Rückresorptionspotenzen der Niere erschöpft, womit es zur Glukoseausscheidung kommt. Der Anstieg des Blutzuckers führt zum Anstieg nicht rückresorbierter Glukose, der abnormen Glykämie folgt die Glykosurie. Unter Berücksichtigung dieses Zusammenhangs ist die Glykosurie eine rein quantitative Abweichung; denn der Blutzucker, der die Schwelle überschreitet, ist qualitativ nicht von dem zu unterscheiden, der darunter bleibt.

Der Grund, warum Bernard die Ansicht vertritt, Krankheit sei eine bloße Intensitätsveränderung, wird offensichtlich. Er steht auf dem Standpunkt des Wissenschaftlers, des Physiologen, der sich nicht von symptomatischen Äußerungen leiten läßt, sondern nach deren tieferliegenden Ursachen fragt, nach den Entstehungsmechanismen der Krankheit, an die er das Urteil über gesund und krank gebunden wissen will. Demgegenüber bleibt weiterhin der am klinischen Gesamtbild orientierte Standpunkt möglich und berechtigt: Versteht man die Glykosurie als das Leitsymptom des Diabetes, so ist das Vorkommen von Zucker im diabetischen Harn etwas, das diesen qualitativ vom Normalen unterscheidet − der mit dem Hauptsymptom identifizierte Krankheitszustand stellt eine neue, im Physiologischen unbekannte Qualität dar. Die charakterisierten quantitativen Zusammenhänge gelten somit nur unter speziellen Bedingungen, in einer doppelten Abstraktion von der „Alltagsrealität" der Krankheit: Vom klinischen Kontext auf ein Symptom, anders, vom diabetischen Kranken zur Glykosurie, und von den symptomatischen Auswirkungen auf partielle Funktionsmechanismen, im vorliegenden Fall der Betrachtung des Quotienten aus dem Harn- und dem Blutzuckerspiegel. Mit diesem doppelten Abstraktionsschritt ist die Krankheit aus der konkreten Anschauung in der Beziehung von Arzt und Patient in die Ebene objektivierbarer, meßbarer Daten verlagert.

1. Zur Dichotomie von Krankheit und Kranksein

Die mit der pathophysiologischen Denkweise einhergehende neuartige Erfahrung der Krankheit, in der hier der Standpunkt der Wissenschaft und der Standpunkt der „Alltagsrealität" von Arzt und Patient gegenübergestellt wurden, läßt sich, wie bereits angedeutet, auch als Ablösung einer alten durch eine neue Wahrnehmung der Krankheit beschreiben. Verändert wird dabei zunächst und überwiegend die Wahrnehmung des Arztes. War sein Blick vorher auf die sichtbaren und oberflächlichen Phänomene, die Wirkungen der Krankheiten darstellten, geheftet, so wird er nun auf unsichtbare körperliche Tiefenstrukturen gelenkt, zu deren Durchdringung Apparaturen benötigt werden, die die sinnliche Wahrnehmung verbessern. Diese Perspektive, die statt Wirkungen Ursachen aufdecken soll, die das Sichtbare um das Unsichtbare erweitert, das Oberflächliche um das Tiefergelegene, die aus der Vielzahl der krankhaften Äußerungen das krankheitsspezifische Detail herauslöst, entzieht sich mehr und mehr der Beteiligung des Patienten. Als apparative Wahrnehmung gleicht sie dem Blick durch ein Fernglas, das nur in einer Richtung annähert und die Sicht verbessert, in umgekehrter aber entfernt.

Die hier resultierende Distanz, die Befund und Befinden und damit Krankheit und Kranksein fortschreitend trennt, wird schon in der Brownschen Konzeption von „morbus" (Krankheitsbefund) und „valetudo adversa" (Mißbefinden) spürbar; deutlicher wird sie von Röschlaub und anderen Nachfolgern empfunden.

Der (objektive) Befund des Arztes und das (subjektive) Befinden des Kranken dürfen nach der Röschlaubschen Pathogenie nicht mehr verwechselt werden. „*Krankheit* (morbus) und *Uebelbefinden* (valetudo adversa) sind zwei von einander ganz unterschiedene Begriffe. . . . Eben so sind *Gesundheit* (sanitas) und *Wohlbefinden* (valetudo secunda) ganz von einander unterschiedene Begriffe." [137] Gesundheit, führt Röschlaub weiter aus, verhält sich zu Wohlbefinden, Krankheit zu Übelbefinden, wie die Ursache zur Folge. Worauf Arzt und Patient zunächst ihre Aufmerksamkeit lenken, wenn auch in ganz verschiedener Weise, sind die Folgeerscheinungen, das „Uebelbefinden", nicht die Krankheit selbst. „Der Mensch sagt, daß er sich wohl befinde, wenn alle seine Lebensverrichtungen mit einer Leichtigkeit von statten gehen. . . . Der Begriff des Wohl- und Uebelbefindens ist ganz empirisch, alle Merkmale sind in der Wahrnehmung gegeben." [138] Wie jede Wahrnehmung kann auch das Wohl-Übelbefinden täuschen. Auf diese Komplizierung des Problems muß besonders der Arzt gefaßt sein, auf die Fälle nämlich, in denen der Patient irrt, „wo wirklich Krankheit im Organismus existiret, ohne sich durch wahrnehmbares Uebelbefinden zu erkennen zu geben." [139] Fast überrascht, da er um die Neuigkeit der Erfahrung weiß, trotzdem entschlossen und sicher, trägt Röschlaub diese Wahrheit vor, von der er mit einigem Recht glaubt, sie bei Brown gelesen zu haben. [140] Er merkt, daß er damit gleichsam unter der Wahrnehmungsebene des „Uebelbefindens" eine sich nicht immer, wenn auch meistens Ausdruck verschaffende Struktur der Krankheit aufdeckt. Was in Wirklichkeit auseinandertritt, sind die Ebenen von Befund und Symptom. Der Arzt muß den Ursachen der Dysfunktion nachgehen, darf sich nicht mit den „äußeren Anzeigen eines krankhaften Zustandes" begnügen. Brown und Röschlaub folgend verdeutlicht dies der Kantianer Fries: „*Wohlseyn* ist immer bei der Gesundheit und bezeichnet das Normalverhältnis der Momente der Erregbarkeit. *Uebelseyn* hingegen ist die Abweichung einzelner Momente von diesem Verhältniß, es ist die Folge der Destruktionen einer Krankheit. Da die einzelnen Formen des Übelseyns die äußeren Anzeigen eines krankhaften Zustandes sind, so werden sie die *Symptome* einer Krankheit genannt. Diese Symptome entstehen durch die Destruktionen, welche Folge einer Krankheit sind." [141]

Fries und Röschlaub machen offenbar, daß Krankheit und Symptom, Ursache und Folge nicht länger identifiziert werden dürfen. Vielmehr erschließt sich als objektivierbare Struktur der Krankheit der pathoanatomische oder pathophysiologische Hintergrund, von dem sich die Symptome als die Strukturebene, in der der Patient noch mitreden darf, abheben. Die Symptome sind nicht mehr die Krankheit selbst, von ihr nicht unterscheidbar, wie in der symptomatischen Methode der Nosologisten, sondern verkörpern einen Komplex von Zeichen, der auf einen wirklichen Grund bezogen und befragt werden muß: auf den objektiven Befund in der Form einer pathophysiologischen Aussage.

Erst mit diesem Schritt konnte geschehen, was aller vorherigen Heilkunde fremd war, die massive Distanz von Krankheit und Kranksein. Jahrhundertelang hatte der Blick des Arztes, geradezu laienhaft wie es nachträglich scheinen mag, eins mit dem des Patienten, auf dem Krankheitsphänomen geruht, wobei er für bare Münze hielt, was dieser ihm als Beschwerdebild bot. Nun geht der Arzt der Krankheit auf den Grund, entsteht eine wissenschaftliche Diagnostik, deren Anfänge später in mythischen Nebel gehüllt werden; denn noch im Nachhinein wirkt es kränkend, das, was auf der Hand lag, nicht immer schon gesehen zu haben. Und so hört Laennec plötzlich die Botschaft der im Louvre spielenden Kinder, die sich Kratzgeräusche über ein Holzrohr mitteilen, und Auenbrugger erinnert sich an seine Kindkeit, in der er hohle Fässer beklopfte.

Am Beginn der Moderne kündigt der Arzt eine Allianz mit dem Patienten, läßt diesen nun gleichsam im Kindesstadium zurück, um die Möglichkeit zu nutzen, das wissenschaftliche Problem der Krankheit zu lösen. Für den Patienten resultiert eine wachsende Inkompetenz, deren Ende nicht abzusehen, deren Schwierigkeiten im klinischen Alltag jedoch kaum zu übersehen sind.

2. Das Ende der Humoralpathologien?

Die Polemik gegen den Hippokratismus des 18. Jahrhunderts ist bereits mehrfach vorgetragen und auf dem Hintergrund des Gegensatzes einer „kontemplativen" und „operativen" Medizin diskutiert worden. Brown, ganz in letzterer Tradition, versäumt keine Gelegenheit, die theoretische Unhaltbarkeit und therapeutische Insuffizienz jener überalterten Medizin herauszustellen. Der Etablierung einer operativen Heiltechnik hinderlich war ein medizinisches Denken, das die „vis medicatrix naturae", die Selbstheilungskraft des Organismus, beschwor: „Beweiset die Existenz einer Kraft", adressiert er an die Neohippokratiker, „oder lösset die wichtige Frage: ob es Hippokrates sey, welcher diesen Dämon, diese αυτοκρατεια, ... diese Heilkraft nach seinen Nachfolgern, diese Reaktion ..., dieses Vermögen der Leibesbeschaffenheit, ihre eigenen Beschwerden zu verbessern, diesen Archäus eines van Helmont, diese Weisheit der Seele eines Stahls ... geschaffen habe"; denn dieser „Dämon" der „vis medicatrix naturae", er hat „tausendmal wirkliches Unglück angerichtet ... für einen einzigen Fall, in welchem er etwas ausgezeichnetes geleistet." [142]

Mit der Ablehnung der Selbstheilungstendenz des Organismus als Vorbedingung neuer operativer Heiltechniken, ist der Arzt aufgefordert, die empirische und rationale Erkenntnis der Krankheitsmechanismen zu leisten. Brown bestreitet zunächst die Heterogenität des Lebendigen; er verneint, daß die Krankheit durch ein besonderes Prinzip hervorgebracht oder nur irgendwie beeinflußt werde, sei dies der Archäus des „fanatischen, geistersehenden van Helmont", der „Äther des mühsamen und wortreichen . . . ächt deutschen Friedr. Hoffmann" oder auch die älteren, berühmteren Lebenskräfte eines Paracelsus oder Hippokrates. [143] Der Krankheit kommt kein qualitativ neues, dem normalen Leben fremdes Prinzip zu.

Allein aus dieser Sicht wird aber noch nicht verständlich, warum die humoralpathologischen Konzepte überwiegend verworfen werden. Brown schränkt, so muß man richtiger formulieren, den Gültigkeitsbereich der Humoralpathologie ein: Sie besitzt für ihn keinen ätiologischen Wert, da sie den pathophysiologischen Verhältnissen nicht auf den Grund geht. „Die Idee von gewissen Substanzen, die eine Neigung unsere Säfte zu verderben (septische Substanzen) haben, und von anderen, die diese Wirkungen verbessern, und die Ausartung aufheben, war lange in den Köpfen der Systematiker herrschend, und ist von Manchen ihrer Nachbeter noch nicht aufgegeben." [144] Es wird nicht gesagt, daß es überhaupt keine Veränderung der Körpersäfte gebe, nur die angegebene Ursache, „septische Substanzen", der er das unbestimmte „gewisse" beimißt, wird abgelehnt. „Hunger, Kälte, Säuren üben die nehmliche Wirkung auf die Säfte aus, welche man den Fäulnis erregenden Substanzen zuschrieb; und doch erregen Säuren zuverläßig keinen Fäulnisprozeß; ebenso wenig kann Mangel als eine positive Materie wirken, noch Kälte irgend einen solchen Effekt hervorbringen. Mit einem Worte, alle Verderbniß der Säfte entstehen bloß von Schwäche des Herzens und der Arterien . . . Sie hören auf zu wirken, die Flüssigkeit in denselben stocken und arten durch die Hitze des Körpers aus." [145]

Die humoralpathologischen Vorstellungen werden abgelehnt, da sie den Krankheitsprozeß nicht weit genug verfolgen. Ätiologisch ausreichend erscheint ihm dagegen seine Erklärung. Herz und Arterien geraten ins Stocken, damit auch das Blut; denn es folgt ihnen passiv und besitzt keine aktiven Qualitäten mehr, z. B. Fäulnissubstanzen, die es in irgendeiner Weise zur Krankheit beeinflussen. Infolge der Stockung wird das Blut nun durch die Hitze verdorben. Ursache der anfänglichen Aktivitätsminderung von Herz und Arterien, ihre alleinige Ursache ist die Erregung, bzw. die drei Variablen: Reiz − Reizbarkeit − Erregung. Da die Erregung die festen Teile und darüber auch den Säftehaushalt kontrolliert, ist jede Veränderung der Säfte nur noch ein möglicher Faktor in der pathophysiologischen Kausalkette. Ursache einer Krankheit kann eine Säfteveränderung für Brown nicht mehr sein, sondern lediglich Wirkung. Es gilt, primäre Faktoren zu eruieren. Dies sind die Intensitätsveränderungen der Erregung, also funktionelle Störungen im Organismus.

3. Kampf den Ontologien!

Die Brownsche Lehre scheint, wie das nachfolgende Zitat zeigen mag, gegen eigentlich alle zeitgenössischen pathogenetischen Theorien angetreten zu sein. Diese Haltung, die ihr wohl nicht unberechtigt den Vorwurf des Systematischen, auch den naiver Arroganz, eingetragen hat, macht es zunächst etwas schwierig, Ziel und Zweck dieser Kritik genauer zu bestimmen. „Es muß nun dem Leser einleuchten, auf welche Einfachheit die bisher so hypothetische, unzusammenhängende, irrige, geheimnißvolle und rätselhafte Arzneywissenschaft zurückgebracht ist. Wir haben bisher bewiesen, daß es nur zwey Krankheitsformen gebe, und daß die Abweichung von dem Zustande der Gesundheit oder der krankhafte Zustand weder in einer Überfüllung noch Leerheit, eben so wenig in Ausartungen der Flüßigkeiten in eine saure oder alkalische Beschaffenheit, oder in einer Einführung von fremden Materien in das System, oder in einer Veränderung der Gestalt der kleinsten Theile, oder in einem Mißverhältnis in der Vertheilung des Bluts, oder in einer Ab- oder Zunahme der Kraft des Herzens und der Arterien, welche den Kreislauf bewirkt, oder einer Einwirkung eines vernünftigen Princips, welches die körperlichen Verrichtungen regiert, oder in einer Verengerung oder Erweiterung der Poren, oder einer Zusammenziehung der äußersten Gefäße von Kälte oder einem Krampf, welcher eine Reaction des Herzens und der innern Gefäße veranlasse, oder in irgend etwas anderm, was irgend jemand bis izt über die Natur und Ursache der Krankheiten gedacht hat, bestehe. *Im Gegentheil haben wir dargethan, daß Krankheit und Gesundheit der nehmliche Zustand sind, und von der nehmlichen Ursache, nemlich von der Erregung abhängen, die bloß dem Grade nach verschieden ist ...*" [146]. (Hervorh. v. Verf.)

Geht man von der zuletzt gelesenen Passage aus, die erneut als Konsequenz pathophysiologischen Denkens den Relativismus von Gesundheit und Krankheit hervorhebt, so wird deutlicher, gegen welche ätiologischen Lehren sich Brown vorwiegend wendet. Es sind dies Theorien, die Krankheit als *widernatürlichen* Zustand begreifen, die der Krankheit eine vom Gesunden völlig verschiedene Seinsweise zusprechen. Brown verwirft die pathogenetischen Theorien, die den im 18. Jahrhundert weitverbreiteten ontologischen Krankheitsbegriff zugrunde legen, und dies sind nun einmal, wie er richtig erkennt, mit Ausnahme seiner eigenen fast alle anderen. Seine Behauptung, daß die Krankheit kein innerorganismisches Wesen sei, sondern in der erkennbaren Relation des Organismus zur Umwelt wurzele, macht diese Kritik auch zum ersten Mal erfolgversprechend.

Keineswegs aber sind die Beweise des ontologischen Krankheitsbegriffs leicht abzutun; auch Browns Polemik vermag nicht darüber hinwegzutäuschen, daß ihm gelegentlich nichts anderes übrig bleibt, als die Gegenposition zu ignorieren oder lautstark zu bestreiten. Schon vor der bakteriologischen Ära konnte ein ontologischer Krankheitsbegriff gewichtige Argumente ins Feld führen, man denke etwa an die Wirkung der Gifte, Ansteckungsmaterien etc. Dabei dringt bekanntlich ein organismusfremdes Agens in denselben ein – heute z. B. ein Bakterium oder ein Virus – und zwingt diesen zu einer spezifischen Reaktion, etwa in Form eines wohlcharakterisierten Granuloms, das eben im Normalen nicht besteht. Ähnlich verhält es sich mit den Giften. Welcher Zustand, läßt sich provozierend fragen, entspräche der Vergiftung im Physiologischen, von dem sie eine bloß graduelle Übertreibung wäre?

Nun waren Brown zu seiner Zeit sowohl die Gifteinwirkungen als auch die sogenannten „Ansteckungsmaterien", um gleich einen Terminus von ihm zu gebrauchen, bekannt. [147] Wie konnte er trotzdem behaupten, in der Krankheit gäbe es keine Phänomene, die dem Leben im „Normalen" fremd wären? in § 19 der „Elementa" spricht er davon, „daß die Gifte, die Ansteckungsmaterien ... eine Ausnahme zu machen scheinen möchten" von der quantitativen Regel. Damit dies nicht eintritt, behauptet er, Gifte würden nur lokal wirken oder, wenn doch allgemein, so analog den übrigen Reizen: „Aber Gifte erregen entweder keine allgemeinen Krankheiten, ... oder wenn sie solche erregen, so muß auch ihre Wirkungsart mit derjenigen der gewöhnlichen erregenden Potenzen übereinstimmen ..." [148] Durch diesen nirgendwo einleuchtenden Schachzug, dessen Beweis Brown schuldig bleibt, verhindert er einen Widerspruch zum quantitativen Krankheitsprinzip.

Noch deutlicher wird dies bei den Ansteckungsmaterien. „Einige Ansteckungsmaterien *begleiten* Krankheiten, welche von zu vielen Reizen abhängen (wie die Blattern und Masern) ... Nun ist es eine ausgemachte Sache, daß beide Arten von Krankheiten ein Produkt *nicht bloß* der Ansteckungsmaterie, sondern auch der damit vereinigten Wirkung der gewöhnlich reizenden krankmachenden Potenzen sind ... Man muß *also* zugeben, daß die Ansteckungsmaterien reizend wirken und in die Klasse der Reize gehören. Dieser *Schluß* wird noch dadurch unterstützt, daß keine anderen Mittel, als diejenigen, welche die Krankheit heilen, die von der Wirkung der gewöhnlichen schädlichen Potenzen abhängen, auch diejenigen Krankheiten heben, welche man von Ansteckung ableitet" [149] (Alle Hervorh. v. Verf.). Man vergegenwärtigte sich diesen „Schluß", der gar keiner ist, mit dem Brown aber den Zweck verfolgt, die „ontologische" Ansteckungsmaterie geschickt zu eliminieren, bzw. seiner Theorie der Reize zu subsummieren.

Ähnlich verhält es sich mit den Erbkrankheiten, die damals schon reichlich bekannt waren. Brown leugnet ihre Existenz schlichtweg ab. Das harte Entweder-Oder des folgenden Zitates ist dabei kaum untertrieben. „Daß es von den Eltern auf die Kinder sich fortpflanzende Fehler, oder sogenannte Erbkrankheiten gebe, ist eine Fabel, oder der ganze Grund meiner Lehre müßte irrig seyn." [150]

Die Auseinandersetzungen um die Ontologien durchziehen die Medizin von Morgagni bis in die 40er Jahre des 19. Jahrhunderts; Virchow und Claude Bernard können sie nach der Jahrhundertmitte für abgeschlossen erklären. In der Haltung gegen den ontologischen Krankheitsbegriff sind die wohl deutlichsten Gemeinsamkeiten zwischen Brown und Broussais' physiologischer Medizin ausgeprägt. Broussais, dem dabei geradezu in Neuauflage der Kontroverse Browns mit Cullen kaum 40 Jahre später in Pinel der entscheidende Kontrahent erwächst, wird von Foucault als der Theoretiker namhaft gemacht, dem es gelang, mit der Essentialität der Fieber die der Krankheit überhaupt zu beseitigen. Der Sitz der Krankheit ist nach Broussais in den Geweben zu suchen; irritierende Kräfte rufen entzündliche Veränderungen hervor, deren wichtige, keinesfalls einzige Folge und Äußerung das Fieber ist. Dies ist in kürzester Form die neue Entzündungstheorie: Das Fieber ist keine Krankheit, sondern Symptom der Entzündung, ein Rückgriff, wie es scheinen mag, auf ganz altes, aber im 18. Jahrhundert unbekanntes Wissen.

Mit Broussais, in der ersten Hälfte des 19. Jahrhunderts, verschwinden die Fiebernosologien im Stile Cullens und Tortis; gleichzeitig endet die so häufige Rede vom „Sein" der Krankheit. Das einzige Sein, in dem die Krankheit voll und ganz aufgeht, das ihr allein noch zukommt, ist ihre Existenz in einem organischen Bezugsnetz „von räumlichen Strukturen, kausalen Bestimmungen, anatomischen und physiologischen Phänomenen. Die Krankheit ist nur mehr eine komplexe Bewegung von Geweben, die auf eine Reizursache reagieren: darin liegt das ganze Wesen des Pathologischen und es gibt keine essentiellen Krankheiten und keine Wesenheiten von Krankheiten mehr." [151] Im Bewußtsein, alle „essentialistische oder pluralistische Nosologie" überwunden zu haben, verkündet Broussais in den „Histoire des phlegmasies": „Die Zeit, da man je eigne Wesen aus den Störungen der Lunge, der Brust, der Hoden, des Gebärmutterhalses usw. machen wollte, liegt für die Mediziner, die den Fortschritt der physiologischen Medizin verfolgt haben, schon sehr weit zurück. Ein Osteosarkom, eine Spina ventosa, eine Pneumonie und eine chronische Gastritis kennen durchaus keine unterschiedlichen Prinzipien. Der echte Beobachter vermag darin nichts anderes als die Wirkung der Irritation von Geweben zu sehen, die sich allenfalls durch die Umstände voneinander unterscheiden." [152]

Pathophysiologische Methode, entschiedener Antiontologismus und, wie das „Examen de la doctrine" deutlich macht, eine Abkehr von den nosologischen Klassifikationen finden in der klinischen Medizin Broussais' die einheitliche Gestalt. „Alle Klassifikationen, die uns die Krankheiten als besondere Wesen sehen lassen wollen, sind mangelhaft und ein urteilfähiger Geist ist ständig und gleichsam wider Willen auf der Suche nach den leidenden Organen." [153]

4. Pathophysiologischer Monismus contra Nosologisten

Den Nosologisten des 18. Jahrhunderts war bei der Beobachtung des Krankheitsgeschehens das Moment der Regelmäßigkeit ganz besonders aufgefallen. Die sich wiederholenden Zeichen, die stets ähnliche Physiognomie einer Krankheit, der Malaria, des Typhus, schienen einer übergreifenden Ordnung zu gehorchen, eine Gemeinsamkeit zu verbergen, die die Suche danach mit der Aussicht auf wenige überschaubare Kategorien zu krönen versprach. Diese Motive ließen immer aufwendigere nosologische Systeme entstehen. Man schied wahre Krankheiten und Variationen dieser Grundkrankheiten, reine und unreine, einfache und verwickelte. Gab es am Ende vielleicht nur eine einzige Krankheit, von der die übrigen mehr oder minder entfernte Abkömmlinge darstellen, oder mußte man von irreduziblen Kategorien ausgehen? Und worin lag die Ursache dieser merkwürdigen Gesetzmäßigkeit, die das „Botanisieren" erlaubte und nahelegte? Die Nosologisten hatten das Phänomen der Ordnung zurückgeführt auf die Existenz einer letztlich unsichtbaren Wesenheit. Da somit der Ursprung und Grund der Krankheit als undurchschaubar galt, war die Medizin auf das einzig Sichtbare an der Krankheit, die Symptome, verwiesen. Nosologisches Klassifizieren und symptomatische Methode fallen notwendig zusammen. Wenn man so will, therapierte die Medizin des 18. Jahrhunderts zwangsläufig symptomatisch.

Die Brownsche Medizin kann demgegenüber als Versuch gewertet werden, das Phänomen der Gesetzmäßigkeit der Krankheiten neu zu interpretieren. Die Regelhaftigkeit der Krankheiten hat ihren Grund in der Regelhaftigkeit der physiologischen Prozesse, die jene konstituieren. Das Phänomen der Ordnung findet seinen letzten Grund in der Physiologie der Erregung: „Es muß nun dem Leser einleuchten . . ., daß die einzige Beschäftigung des Arztes seyn muß, nicht auf Krankheiten . . ., welche gar keine Existenz haben, zu sehen, sondern bloß auf die Abweichung der Erregung von dem Punkte der Gesundheit Rücksicht zu nehmen." [154] Daß die „Krankheiten gar keine Existenz haben", darf an dieser Stelle nicht vordergründig mißverstanden werden. Es ist wichtig, darin die prononcierte Kritik an den Nosologisten zu lesen. Keine Existenz hat das, was diese „hinter" der Krankheit vermuten, die eigene Wesenheit. Die physiologische Realität ist das ganze und einzige Sein der Krankheit.

Keine Existenz, sprich haltbare Realität, hat ebenfalls das Symptom, solange es auf dem Boden nosologischen Denkens steht. Wie den Nosologisten der pathophysiologische Grund verborgen bleibt, so ist ihre Wahrnehmung der Krankheit völlig äußerlich und oberflächlich beschaffen. Ihre Symptomatologien geben einen bloßen Schein, „Titel und Namen", die der Arzt entbehren kann, achtet er nur genau auf die Grade der Erregung: Bei der Diagnostik „muß man fortgesetzte Aufmerksamkeit auf den Grad . . . der Erregung verwenden, und sich oft gar nicht an die Namen der Krankheiten kehren . . . Der Arzt muß sich ohne auf Namen zu sehen, blos durch den Grad der Erregung leiten lassen." [155] Entsprechend hatte Brown sein Vorgehen beim Aufstellen der Erregungsskala kommentiert: „Bey der Zusammenstellung dieser ganzen Stufenleiter sah ich nicht so sehr auf die gebräuchlichen Titel und Namen, als auf die Stärke der Krankheit . . . Die übertriebene Aufmerksamkeit auf Symptome schadete der Heilkunde . . . ; man verlasse also diesen unsichern Weg, der in der Medizin zu eben so vielen und großen Irrthümern führte, wie in der Philosophie das Nachgrübeln über verborgene Ursachen, und spreche das Verdammungsurteil über unsere Nosologie aus." [156]

Den Blick des Arztes möchte Brown von seiner Fesselung an die „Titel und Namen" der unzähligen Krankheiten befreien, um ihn ganz auf die pathophysiologischen Verhältnisse zu lenken. Er zerreißt die alte nosologische Einheit von Zeichen und Krankheit und behauptet im Sinne Röschlaubs die Krankheitsäußerungen im Symptom als Folge einer tieferliegenden Ursache. Symptome können als Erkenntnisquelle nur hilfreich sein, insofern sie selbst Teil des Erregungsprozesses sind, den sie bezeichnen: „So leiten doch die Symptome der Krankheiten, welche entweder ein Übermaß oder Mangel der Erregung hervorbringt, für sich selbst auf kein richtiges Urteil über die Beschaffenheit derselben; im Gegentheil war ihr betrügerischer Schein eine Quelle von unzähligen Irrthümern." [157]

Bernard Hirschel hat um die Mitte des letzten Jahrhunderts den seltsamen Strukturwandel des Symptoms mit einigem Erstaunen festgestellt: „Da die Diagnostik Brown's eine ganz eigenthümliche ist, es bei ihr nicht darauf ankommt, besondere Krankheitsformen, Species, Genera zu unterscheiden ..., tritt auch bei ihm ein anderes Verhältnis der Symptome ein ... Die Symptome haben keinen Werth mehr als constituierende Theile eines Krankheitsganzen, sondern nur als Zeichen des Grades der Erregung."[158] Wie Hirschel richtig erkennt, versucht Brown, Zeichen und Erregungsgrad direkt zu verknüpfen. Um den neuen Gehalt der Zeichen und um die Herstellung dieser unmittelbaren Korrelation zwischen den Zeichen und der Erregung geht es in genau 124 Paragraphen der „Elementa", das ist rund ein Sechstel des gesamten Buches! Auf die alten „Titel und Namen" der Krankheiten soll ebenfalls nicht viel Mühe verschwendet werden. So möchte Brown z. B. auf den Terminus der Pneumonie verzichten, denn Pneumonie ist nur ein bestimmtes Erregungsniveau in der Skala der Krankheiten. Wie und wodurch zeichnet sich aber ein pathologisches Erregungsniveau aus?

An dieser Stelle, beim Versuch, die traditionellen Symptommuster in ein monistisches Schema der Erregung zu pressen, endet und mißlingt die neue Semiotik. Die Identifizierung bestimmter Zeichen mit festgelegten Graden der Erregung bleibt ebenso fragwürdig wie der Versuch, Zeichen entsprechend diesen Graden zu hierarchisieren. Die Reihenfolge der Zeichen wird willkürlich, geht ganz ins Ungefähre: Das „Zittern" kann etwas mehr Erregung als das „Schwitzen" signalisieren und dies nicht einmal sicher. Die „Blässe" ist sthenisch und asthenisch zugleich usw. Eine „natürliche Ordnung der vorzüglichsten asthenischen Symptome" glaubt Brown in den „Observations" vorzulegen, „nämlich die von dem geringsten Verluste der Eßlust bis zu der höchsten konvulsivischen und krampfhaften Affekzion der Organe der willkürlichen Bewegung bei dem Tetanus und der Epilepsie. Die Reihe dieser Symptome ist: Verlust der Eßlust, Widerwillen vor Speisen, Durst, Eckel, Erbrechen, Schmerz im Magen und in den Gedärmen, Schmerz in den äußern Theilen des Körpers, und zwar in beiden Fällen zuweilen von krampfhafter und zuweilen von konvulsivischer Art."[159]

Ungelöst und hilflos wirkt auch das Bemühen, wenn schon nicht direkte Zeichen des Erregungsprozesses zu gewinnen, so doch diesem Krankheiten zuzuweisen: „Auf die obenan stehende Peripneumonie und Phrenitis folgen zwey Krankheiten, die ihnen bisweilen gleich kommen; die heftigen Blattern und Masern. Auf diese kommt der Rothlauf, eine Krankheit, die, wenn sie den Kopf stark angreift, bisweilen mit ihnen um den Vorrang an Heftigkeit streitet. Gleichen Grad der Diathesis, aber nicht gleiche Gefahr wie der Rothlauf, hat der Rheumatismus. Zunächst dem Rheumatismus steht der gelinde Rothlauf, eine um sehr vieles gelindere Krankheit, wie die obigen, die beynahe denselben Platz, wie die sthenische Bräune einnehmen sollte, indem sie viel näher mit ihr, als mit irgend einer der vorhergehenden Krankheiten verwandt ist."[160]

Darlegungen wie diese lassen sich zahlreich anführen; gemessen an ihrem Anspruch, das Gewirr von „Titeln und Namen" durch prägnante Zeichen und Termini zu ersetzen, sind sie alle gleichermaßen unzulänglich − weitschweifig und umständlich. Die Veränderung des Zeichens zum Symptom im eigentlichen Sinne und damit seine Verankerung in einer modernen Diagnostik, ist kein Schritt, der bei Brown noch erwartet werden dürfte. Zwar wandelt sich die „Natur" der Zeichen, verschwindet spürbar sein prognostischer Gehalt, seine

Verbindung und Einheit mit dem Bezeichneten indes, dem pathophysiologischen Grund, bleibt vage und spekulativ. Brown fällt auf den alten Symptombegriff zurück, in dem Krankheit und Symptom nicht unterschieden werden. Und so erstehen unter dem neuen Oberbegriff der Asthenie die alten Symptomatologien, die Unruhe neben der Rachitis, das Nasenbluten neben den Hämorrhoiden und die Lähmung neben dem Tetanus. Freilich — und das bleibt der Unterschied zu den Nosologisten: Krankheit und Symptome werden bezogen auf eine monistische Pathophysiologie der Erregung.

5. Aporien der Brownschen Nosologie

Im Scheitern der Neuverteilung von Symptom und Krankheit drängt sich die Frage auf, wie die Brownsche Nosologie beschaffen sein mag, da sie sich gleichermaßen wie die Symptomatologie auf einen monistischen Erregungsbegriff stützt. Die Probleme sind kongruent. Mit nur wenigen Kombinationsmöglichkeiten ausgestattet, sobald ein differenziertes Messen entfällt, erweist sich die Erregungsphysiologie als äußerst ungeeignet, pathogenetische Prozesse der Wirklichkeit des Organismus entsprechend zu erklären. Es ist ebenso unmöglich, dieser wenig spezifischen Erregung Zeichen zuzuordnen, wie danach eine stichhaltige nosologische Unterscheidung vorzunehmen.

Heutige nosologische Klassifikationen beziehen sich auf Raum-Zeit-Verhältnisse realer organismischer Vorgänge; die Einteilung in Herz-Kreislauf-, Nieren-, Leberkrankheiten wird auf pathoanatomischer Grundlage vollzogen. Mit einem dergestalt homogenen Bezugssystem darf im 18. Jahrhundert nicht gerechnet werden, die Brownsche Nosologie macht diesbezüglich keine Ausnahme. In der Bindung und partiellen Lösung vom 18. Jahrhundert muß sie weiter innerhalb der Krise der Nosologien im Übergang zum 19. Jahrhundert gesehen werden, die aus der zunehmenden Komplexität dieser Systeme herrührte, aufgrund derer eine effektive ärztliche Praxis unmöglich wurde. Brown teilt die Ansprüche einer praxisnahen Nosologie und damit die Ablehnung aller bisherigen medizinischen Systeme, ohne jedoch neue, ebenso allgemeine wie einfache und empirisch reale Klassifikationskriterien angeben zu können. Die Brownsche Nosologie ist keineswegs als modern, und das heißt in erster Linie als pathoanatomisch zu beurteilen. Sie unterscheidet sich von den übrigen Nosologien einzig durch die Reduktion der Vielfalt der Krankheitsbilder, die sie weniger komplex, aber auch weniger vollständig werden läßt. Merklich die nosologische Systematik eines Cullens verkürzend, entwirft Brown eine Einteilung in nunmehr zwei große Krankheitsgruppen, in sthenische und asthenische „Gattungen", von denen er behauptet, daß sie vernünftigerweise durch die Pathophysiologie der Erregung definiert seien (Tabelle 1).
Bei dieser Einteilung handelt es sich um eine Reduktion der Nosologie, die Übersichtlichkeit allerdings durch Kürzung, nicht unter Beibehaltung der Informationsbestände erzielt. Brown scheint das Ungenügen dieser Lösung sehr bald erneut beschäftigt zu haben. In den „Observations" erwägt er eine weitreichendere Abkehr von den traditionellen Nosologien und verwirft seinen alten

Tabelle 1

Gattung	sthenisch	asthenisch
Arten	I. Phlegmasien II. Exantheme III. Hämorrhagien IV. sthen. Apyrexien	I. Krämpfe II. Atonien III. unordentliche Blutausflüsse IV. Profluvia (=seröse Ausflüsse) V. Fieber

Plan, „welcher zu nichts, als zu Verwirrung führet . . . Er sah nun ein, daß eben diese Eintheilung sthenischer Krankheiten, so einfach sie auch dem Anscheine nach, besonders im Vergleiche mit den nosologischen verwickelten Spitzfindigkeiten, ist, dennoch ein Überbleibsel der nosologischen und systematischen Erziehung sey. Er sah daher auf nichts als auf die krankhafte Vermehrung und Verminderung der Erregung und die Grade derselben, als die Ursache der verschiedenen Fälle sthenischer oder asthenischer Krankheiten; anstatt zwei Gattungen der Krankheiten aufzustellen, und sie in Arten unterabzutheilen, sah er nur *zwei allgemeine Formen,* eine *sthenische* und eine *asthenische,* Platz finden, und gab daher eine Stufenleiter an, nicht von verschiedenen Krankheiten, sondern von einer Anzahl von Fällen . . . (die) nur dem Grade nach verschieden seyen." [161]

So sicher Brown mit der generellen Kritik der nosologischen Systeme das Bewußtsein seiner Zeit trifft, so deutlich wird auch, daß der Verweis auf die Erregung als nosologische Grundgröße keinen Ausweg bietet. Denn tatsächlich werden andere immanente Klassifikationskriterien in seiner Nosologie wirksam. Noch einmal erweist sich das Krankheitsthermometer als hilfreiche Erkenntnisquelle. Vier Grundbegriffe ordnen die dort aufgeführten Krankheiten: Schweregrad, Gefährlichkeit, metaphorischer Gehalt und Ähnlichkeitsgrad.

Analysiert man die Beschreibung der sthenischen Krankheiten Schlaflosigkeit, Manie, Katarrh, Masern, Phrenitis, Pneumonie, so nimmt nach Brown das Krankheitsbild in dieser Reihenfolge an Schwere zu, wie sich an einer Steigerung und Gravierung der Symptome erkennen läßt. Den Katarrh repräsentieren die Symptome Niesen, Tränen der Augen, trockener Husten, Heiserkeit. Mit den gleichen katarrhalischen Symptomen beginnen die Masern, was ihre sthenische Diathese beweist; ihnen folgt am vierten Tag noch ein Exanthem. In noch stärkerer Ausprägung besitzt auch die Phrenitis (Hirnhautentzündung) katarrhalische Symptome, denen bald Entzündungszeichen, Schlaflosigkeit und Irrereden folgen. Die Phrenitis ist also gleichsam die Übertreibung der drei sthenischen „Grundkrankheiten" Schlaflosigkeit, Manie und Katarrh, die sie auf sich vereinigt. Einen ähnlich schweren Verlauf sieht Brown bei der Pneumonie, in der sich etwa das katarrhalische Zeichen Husten bis zum blutigen Auswurf steigert.

Die „Gefährlichkeit" einer Krankheit − hier wird die Skala der Erregung zur Mortalitätsstatistik − ist ein weiteres Klassifikationskriterium Brownscher Nosologie. [162] Die Erregungsskala zeigt in den Extremen der sthenischen Erkrankungen Pest, Typhus, Schwindsucht, Ruhr, Pocken − Krankheiten, die zur damaligen Zeit fulminant verliefen und gegen die sich wenig ausrichten ließ.

Eine Stufe darunter finden sich Pneumonie, Hirnhautentzündung, Masern, Rheumatismus; noch ein Niveau tiefer und damit prognostisch günstiger werden „gelinde Masern" und Blattern bis zur „Fettigkeit" auf der niedrigsten Stufe eingeordnet. Die Brownsche Skala dürfte wohl typische Letalitätsmuster am Ende des 18. Jahrhunderts zum Ausdruck bringen, darüber hinaus möglicherweise eine englisch-schottische Krankheitsgeographie.

Ein weiteres Klassifikationskriterium ergibt sich über den Symbolgehalt einer Krankheit. In dieser Hinsicht wäre es paradox, die Magerkeit oder Lähmung unter die sthenischen Krankheiten, die Krankheiten aus Stärke zu subsummieren, während umgekehrt die Fettigkeit als sthenische Erkrankung unmittelbar einleuchtet. Eine Krankheit unter ihrem metaphorischen Gehalt zu betrachten und zu therapieren, ist im 18. Jahrhundert nicht unüblich. Man vergegenwärtige sich die blühenden Metaphorien der Romantischen Medizin. Interessant ist aber wiederum Browns Widersprüchlichkeit. Denn einerseits lehnt er explizit den Terminus „phlogistic" als eine „abgeschmackt metaphorische Benennung" ab und schlägt dafür den Begriff „sthenisch" vor. [163] Andererseits verfährt er in seiner Nosologie nicht minder metaphorisch, wenn sich dies auch eher immanent, seine Vorsätze durchkreuzend vollzieht.

Abweichend vom Anspruch, die Unterschiede der Krankheiten als metrische Größen sichtbar zu machen, setzt sich ein ausgesprochen traditionelles Wesensmerkmal in der Brownschen Nosologie fort. Der Grad der Ähnlichkeit bestimmt die Zuordnung der Krankheiten auf der Erregungsskala. „Kränklicher Monatsfluß, Nasenbluten und Hämorrhoiden" befinden sich in der Klasse „mäßiger Asthenien", da ihnen der Blutfluß gemeinsam ist; auf den Begriff „gestörte körperliche Ausflüsse" verallgemeinert, lassen sich noch „gelinde Harnruhr, Erbrechen und Diarrhoe" hinzurechnen. Störung der willkürlichen Motorik verbindet die Krankheiten „größter Asthenie" wie Epilepsie, Lähmung, Apoplexie, Kinnbackenkrampf, Starrkrampf. Am Grad ihrer Verwandtschaft in einer an Oberflächenstrukturen haftenden Phänomenologie („Blutfluß", „Lähmung") mißt sich der Abstand der Krankheiten auf der Erregungsskala. Ohne organismisch ätiopathogenetische Tiefenschärfe wird die Krankheit einzig nach einem oder mehreren Erscheinungsbildern erfaßt und klassifiziert. Es entsteht eine flächenhaft formalisierte Konfiguration der Krankheit, die Foucault das „nosologische Tableau" nennt. [164] Der Arzt analysiert oder ergründet nicht; er gleicht dem Maler, wie Sauvages im Anschluß an Sydenham feststellt. „Er muß hierin die Maler nachahmen, die, wenn sie ein Porträt machen, darauf bedacht sind, bis zu den kleinsten natürlichen Dingen und Spuren auf dem Gesicht der zu porträtierenden Person alles wiederzugeben." [165]

In dieser ärztlichen Porträtkunst, die eine zweidimensionale Wahrnehmung fördert, bleibt der natürliche Raum des Organismus ausgespart. Die Krankheit wird wahrgenommen in einem „Projektionsraum ohne Tiefe". Das Porträt der Krankheit und deren Sitz im Organismus stimmen nicht notwendig überein, der Befall des Organs ist nicht erforderlich zur Definition der Krankheit. Dem nosologischen Denken, dem Brown hier entgegen seinen Absichten zuneigt, bleibt die „Verräumlichung" der Krankheit in einem wirklichen Raum des Organismus fremd. Mit Morgagni wurde dieser Weg beschritten, der bis in die Gegenwart Gültigkeit behielt. War es mehr als ein Versehen, wenn die Skala der Erregung zaghaft auch anatomische Differenzierungen vornahm und die

Krankheiten des Verdauungstraktes unter die Asthenischen, die der Lunge und des Herzens unter die Sthenischen zusammenfaßte?

6. Schwierigkeiten mit Morgagni

Daß Brown Morgagni gekannt hat ist klar. Ebenso klar ist aber auch, daß er ihn verkannt hat. Oder sollte man vorsichtiger formulieren, daß Morgagnis „anatomischer Gedanke" wieder einmal nicht mit seinem Konzept der Krankheit als lediglich quantitativem Phänomen in Einklang zu bringen war?

Bei einer Prüfung der Brownschen Texte gerät man sehr bald in Widersprüche, die sich indes über die historische Opposition einer pathophysiologischen und einer pathoanatomischen Konzeption der Krankheit auflösen lassen. In § 62 der „Elementa" wird die Ursache der Krankheit erneut der Abweichung der Erregung zugeschrieben und eine pathoanatomische Problemlösung eindeutig verworfen: „Erregung in ihren mannichfaltigen Graden ist es allein, welche Gesundheit, Krankheit ... bewirkt. Sie regiert sowohl die allgemeinen als örtlichen Krankheiten, von denen *keine* (Hervorh. v. Verf.) weder von Fehlern der flüßigen noch vesten Theile, sondern bloß von vermehrter oder verminderter Erregung herrühren." [166]

Eine Läsion der flüssigen oder festen Teile kommt demnach in keinem Fall als Krankheitsursache in Betracht. Bevor man den Argumenten Browns, die ihn gegen eine pathoanatomische Krankheitskonzeption zu Felde ziehen lassen, nachgeht, muß die Unterscheidung von örtlicher und allgemeiner Krankheit konkretisiert werden. Allgemeine Krankheiten sind nach Brown Systemerkrankungen und dies „*allezeit*" und „*von Anfang an*" (Hervorh. v. Verf.). Demgegenüber erscheint „bey örtlichen Krankheiten ... das örtliche Leiden zuerst ...". Der Prozeß bleibt ferner, wie der Terminus „örtlich" sagt, auf einen lokalen Körperbezirk beschränkt. [167]

Im Unterschied zu den allgemeinen Krankheiten erfordern die örtlichen vom Arzt zumindest eine grobe Orientierung im Körper, und so verspürt Brown an dieser Stelle die Notwendigkeit, ein paar Worte zur Anatomie bzw. anatomischen Pathologie zu sagen: „Um zu dieser nützlichen Kenntniß zu gelangen (gemeint ist die Erkenntnis der „Unordnung der Teile" bei örtlichen Leiden, Anm. d. Verf.) muß man das nöthige von der Anatomie lernen, ohne die Zeit mit dem überflüßigen davon zu verderben. In dieser Absicht studiere man auch die Werke des berühmten Morgagnis, man öffne Leichen, um aus den nachgelassenen Wirkungen die vorübergegangenen Ursachen zu erkennen, man untersuche fleißig den Körper derjenigen, die gehängt wurden, oder an Wunden gestorben sind, und sonst gesund waren, vergleiche sie sorgfältig mit den Leichnamen derjenigen, welche an schleichenden und oft wiederholten Krankheiten gestorben sind, vergleiche jedes Einzelne mit dem Ganzen, man hüte sich vor raschen Meynungen, zu denen man sich so leicht hinreißen läßt, man erwarte nie die Ursache von Krankheiten in Leichnamen zu entdecken, und man fälle vorsichtig sein Urtheil." [168]

Diese laxe Empfehlung, ein bißchen Pathoanatomie zu betreiben, ohne viel nützliche Zeit zu vergeuden, erstaunt nur den Mediziner des 20. Jahrhunderts, den Kliniker, dem es zur Selbstverständlichkeit geworden ist, seine (Miß-)Erfolge an der Leiche zu kontrollieren und hier die Ursachen der Krankheiten aufzuspüren. Für Brown ist dies nur allzu verständlich. Morgagni hatte nämlich in der Theorie der Pathologie des 18. Jahrhunderts zwei offene Problemfelder hinterlassen, deren Lösung bis ins beginnende 19. Jahrhundert andauerte.

Die erste Schwierigkeit betraf das Verhältnis der Krankheit zu den Läsionserscheinungen. Ist die Läsion, so lautete die unentschiedene Frage, bereits die ganze Krankheit, ist sie ihr Grund und ist damit „das Sein der Krankheit räumlicher Natur"? [169] Und stark war noch das Begehren der Nosologisten, als Wahrheit der Krankheit die Symptome zu betrachten, eben das, was an ihr sichtbar war!

Die zweite Schwierigkeit bestand in dem Faktum, daß nicht allen Krankheiten eine Läsion zuzuordnen war. Gab es etwa Krankheiten mit und ohne Läsionen, Krankheiten, die sich sichtbar machten und welche, die für immer unsichtbar blieben? Laennecs „Anatomie pathologique" jedenfalls macht diese Unterteilung, wobei etwa alle Nervenkrankheiten der Klasse ohne Läsionen zufallen. Was war weiter mit dem Heer der Fieber? Wo hinterließen sie spezifische Läsionen, die, vielleicht zu gering, sich dem Auge entzogen?

Die Antwort Browns bei solch gravierenden Zweifeln an der Möglichkeit der Pathoanatomie kann also keinesfalls überraschen: „Cadavera incidas, effectus superstites a causis praeteritis dignoscas" [170], diese Passage aus dem Original der „Elementa" enthüllt die wahren Gründe, warum es galt Morgagni zu mißtrauen. Zwar war die Krankheit für Brown, wie geschildert, nicht mehr in Symptomen ausreichend gesichtet und um eine Strukturebene tiefer zu suchen, nämlich in einer pathologischen Physiologie. Aber diese war denn auch das Primäre, wie Brown nie müde wird zu versichern und nicht die pathoanatomische Läsion. Läsionen waren nur „nachgelassene Wirkungen" und von den Ursachen, die zur Physiologie leiten und in ihr allein erkannt werden können, wohl zu unterscheiden.

Brown, gleichwohl er sicher kein anatomischer Denker war, — dies wurde genügend hervorgehoben — steht mit seinen Einwänden gegenüber dem Angebot der Solidarpathologie, in der Läsion und nirgends anders das ganze Sein der Krankheit zu sehen, keinesfalls isoliert. Wer garantiert, so fragt der Skeptiker, daß in der Läsion nun tatsächlich der pathologische Primärvorgang zutage tritt und nicht das Endglied, vor dem noch (zahllose) pathophysiologische Zwischenstufen Platz finden? Chomel spendet ihm dafür noch 1817 seinen ungeteilten Beifall: „Zwischen der Hepatisation der Lunge und ihren Ursachen liegt ein Geschehen, das sich uns entzieht; so ist es mit allen Läsionen, die man bei der Öffnung der Körper feststellt; sie sind keineswegs die erste Ursache der beobachteten Phänomene, sondern selber nur die Wirkung einer eigenartigen Störung in der Tätigkeit unserer Organe; diese letztlich zugrundeliegende Tätigkeit entzieht sich aber allen unseren Untersuchungsmethoden." [171]

Brown trennt Ursachen, die in der Physiologie der Erregung liegen und Wirkungen, die in anatomischen Fehlern sichtbar gemacht werden können. [172] Pathologische Anatomie sinnvoll betreiben heißt, diese Grenzen von Ursachen (physiologisch graduelle Störung) und Wirkung (anatomische Desorganisation) beachten. Entsprechend kommentiert er in den „Observations": „Bonnet, Morgagni und Lieutaud machten den Versuch, auf dieselbe (gemeint sind die anatomischen Bemühungen des Erasistratus, Galenus etc., die Brown zuvor referierte, Anm. d. Verf.) eine Pathologie zu gründen ... Allein die Vortheile, welche aus aller solcher Mühe einzuerndten seyen, werden nur dann sich zeigen, wann die Grenzen ihrer Nützlichkeit genau bezeichnet sind ... (denn man entdeckt nur) die Wirkungen, nicht aber die Ursachen allgemeiner Krankheiten." [173]

Mit dieser Ursache-Wirkung-Differenzierung kann Brown überdies seinen quantitativen Krankheitsbegriff retten. Alleinige Krankheitsursache bleibt nach wie vor die Intensitätsveränderung der Erregung. Aber er muß die Möglichkeit einräumen, daß eine quantitative Veränderung schließlich zu einem qualitativen Befund (anatomische Läsion) führen kann.

Diese Neuigkeit führt genau nach der „Anatomiepassage" zu einer wichtigen Modifizierung der allgemeinen Krankheiten, die er als „allezeit" allgemeine definiert hatte. Nun sagt er: „Da innere örtliche Krankheiten öfters ein nach allgemeinen Krankheiten zurückgebliebener Fehler sind ..." [174], was anders ausgedrückt lautet: Allgemeine Krankheiten ziehen öfters örtliche Läsionen nach sich. Durch diese scheinbar winzige Abwandlung wird verständlich, warum Brown sich überhaupt etwas davon verspricht, normale Leichen zu studieren und sie mit pathologischen Befunden der Kranken zu vergleichen, die an chronischen und rezidivierenden Krankheiten gestorben sind. Diese Krankheiten sind nach seiner ursprünglichen Theorie überwiegend allgemeine, eben nicht örtliche, d. h. eine „Unordnung" dürfte bei ihnen gar nicht zu finden sein. Erst durch die Modifizierung (allgemeine Krankheiten ziehen öfters örtliche Läsionen nach sich) wird die vergleichende Sektion von Leichen sinnvoll. Mehr ins Gewicht fällt die damit verbundene ätiologische Konsequenz: Die Erregung ist nur noch indirekt Ursache der inneren örtlichen Krankheiten, die sich selbständig zu machen beginnen. Daß es sich hierbei weder um eine Strapazierung des Textes, noch um einen versehentlichen oder zufälligen Lapsus Browns handelt, zeigt sich sofort, wenn man eine Ebene tiefer steigend Browns Theorie der Entzündung hinzuzieht.

Die allgemeine „Entzündung (ist) nichts anders, als ein Zustand des entzündeten Theiles von gleicher Natur (d. h. kein lokaler, qualitativer Unterschied, Anm. d. Verf.) mit dem Zustand der übrigen Theile des Körpers, *nur daß der Grad der Erregung* in dem entzündeten Theile größer ist, als in jedem andern gleichen Theile ..." [175] (Hervorh. v. Verf.) „Im Gegentheile (gemeint zur allgemeinen Entzündung, Anm. d. Verf.) entsteht die örtliche Entzündung von einer örtlichen Verletzung, welche den Zusammenhang trennt, oder das Gewebe des Theils verstöhrt, und wenn der leidende Theil nicht sehr empfindlich ist, so breitet sich das Leiden nicht weiter aus. Nur wenn der Theil einen hohen Grade von Empfindlichkeit besitzt, so wie z. B. unter den inneren Theilen der Magen und die Eingeweide ... nur in diesen Fällen verbreitet sich die Wirkung der Entzündung über das ganze System." [176]

Verletzung, Trennung des organischen Zusammenhangs (Anklänge an eine Sympathienlehre Broussaisscher Provenienz), verstörte empfindliche Gewebe — dies sind eigentlich alles Begriffe, die zu einer genauen Charakterisierung der Gewebe einladen! Nebenbei sind sie qualitativer Natur und nicht mehr in einer Ursache (Erregung) zusammengefaßt.

Damit hat Brown nicht mehr nur eine Trennung hinsichtlich der Ursachen und Wirkungen von Krankheiten vorgenommen, sondern neuartige, qualitative Ursachen für die örtlichen Krankheiten zugelassen, die nun seinem ursprünglichen Krankheitsbegriff widersprechen. [177] Aber nicht genug, daß er Morgagni die örtlichen Krankheiten „opfern" muß. [178] Auch im allgemeinen Entzündungsgeschehen muß er „gewebliche" Zugeständnisse machen. Denn er weiß um das Faktum der entzündlichen Rezidive, hat er doch selbst lange genug an rezidivierenden Halsentzündungen und Rheumatismus gelitten. Wie soll er erklären, daß die Reize immer wieder denselben Teil affizieren, ihn bevorzugen vor so vielen anderen? Und so lesen wir dann: „Außer der Wirksamkeit der erregenden schädlichen Potenzen, muß man noch erwägen, daß in mancher Stelle, welcher Entzündung zu Theile werden soll, eine größere Empfindlichkeit oder eine mehr angehäufte Erregbarkeit als in andern statt findet, woher es kömmt, daß von den angeführten Theilen bald der eine, bald der andere mehr als die übrigen afficirt werden." [179]

Die Erklärung der chronischen Entzündung bedarf einer örtlich und qualitativ unterschiedlichen Reizbarkeit (größere Empfindlichkeit, höhere lokale Konzentration), die dann natürlich nicht mehr homogen sein kann. Geht die Homogenität verloren, so fällt erneut auch das Meßprogramm. Gleichzeitig ist ein neuer Gedanke geboren, nämlich der, daß die geweblichen Strukturen das Pathologische mitbedingen, und einer Erforschung wesentlich bedürfen. Die Heterotopie ist ein Wesensmerkmal des pathologischen Phänomens geworden.

Den Vollzug dieses Schrittes wird man bei Brown allerdings nicht mehr sehen. Eine Richtung aber ist angegeben, die die Widersprüche seines Systems zumindest auf eine höhere Ebene bringt. Die Nachfolger Browns heißen Bichat und Broussais, wobei letzterer auf beide zurückgreifen kann. So wird 50 Jahre später ein Manko, das Brown von der Physiologie bis zur Pathologie verfolgte, beseitigt: die fehlende Lokalisierung des pathophysiologischen Geschehens. Krankheiten – so Broussais – bestehen wesentlich „im Übermaß oder Mangel an Reizung der entsprechenden Gewebe im Verhältnis zum Normalzustand."

7. Die „Verzeitlichung" der Krankheiten

Am Werke Cabanis' – dem er eine ähnliche Zwischenstellung wie Lamarck in der Biologie zuweist – hat Lepenies „Verzeitlichungstendenzen" in der Medizin um 1800 festgemacht. [180] Gemeint ist, daß an den Krankheiten nunmehr temporale Aspekte ganz in den Vordergrund geraten: die Dauer, das Auftreten und Enden der Symptome und ihre besondere zeitliche Verknüpfung. Man strukturiert Verlaufsformen der Krankheiten und ihre Varianten. Die Anamnese wird wirklich historisch, die exakte Krankengeschichte Regel und Pflicht.

Lepenies leitet zu Recht die Temporalisierungseffekte aus der Krise der klassifikatorischen Systeme her, die den wachsenden „Empirisierungszwang" nicht mehr bewältigen können. Sie werden zunehmend unübersichtlich und damit schwieriger zu handhaben. Aus diesem Mangel ergibt sich dann an der Wende zur medizinischen Moderne „ein positives Moment der Erkenntnis": unsere heutige zeitliche Struktur der Krankheiten.

Mit dieser beachtenswerten Beschreibung hat Lepenies keineswegs die Erklärung des geschilderten Sachverhaltes geliefert. Überzeugend hat er auf ein noch aller Erläuterung harrendes Faktum hingewiesen, das geeignet erscheint, den Beginn der modernen Pathologie zu kennzeichnen: einen nosologischen Paradigmawechsel, bei dem die Verzeitlichung des pathologischen Phänomens nur *eine* Dimension sein kann. Ebenso nachdrücklich muß von seiner Verräumlichung und Quantifizierung gesprochen werden, dies obendrein nicht in einseitiger Favorisierung einer dieser drei Kategorien. Zu zeigen ist der sukzessive Prozeß ihrer gegenseitigen Verknüpfung. Ohne ein neuartiges Raumgefühl, dessen Ursprünge in den veränderten gesellschaftlichen Raum weisen, der Pathoanatomie Bichats bereits zugrunde liegend, ist die Verzeitlichung der Krankheit letztlich nicht möglich, da nicht auf einen organismischen Grund beziehbar.

Eine weitere Allianz, auch dies zeigt Brown, verbindet Zeit und Metrisierung. Denn nicht die Zeit an sich ist plötzlich neu in der pathologischen Theoriebildung des 19. Jahrhunderts, im Gegenteil, dort ist sie wohl so alt, wie die Pathologie selber. Absolut neu aber ist sie als eine quantifizierbare Größe, als die Zeit, deren exakte Beobachtung (Messung) Aufschluß gibt über die Veränderungen des Pathologischen, die seine Entstehung aus dem Normalen heraus verfolgen und begreifen lassen. Die Zeit, meßbar geworden, was einzig an ihr fortan interessiert, „ruht" in der Tiefe der Gewebe. Auf diesen organismischen Raum bezogen, gewinnt sie die überragende Bedeutung in dem Moment, in dem das pathophysiologische Denken zunehmend Unterscheidungskriterien zwischen gesund und krank fordert. „Verzeitlichungstendenzen" sind also eine Sekundärfolge der Krise der Nosologien, primär hingegen eine Notwendigkeit des darauf antwortenden pathophysiologischen Diskurses!

Vor diesem Hintergrund überrascht es kaum, auch bei Brown Verzeitlichungstendenzen zu finden. Mehrfach betont er an den Krankheiten ihre zeitliche Struktur in einem Kausalgeschehen, also ihren Prozeßcharakter. [181] Die empirische Methode sollte damit jeden exotischen Typus, jede botanische Spezies aus der Nosologie verbannen.

Exemplarisch soll das am Begriff der „Anlage" diskutiert werden, ein keineswegs neuartiger, jedoch von Brown mit einer besonderen Bedeutung versehener Terminus. „Anlage" ist keinesfalls mißzuverstehen als „angeboren" oder auch nur im Sinne eines irgendwie genetisch Dispositionellen. Bei Brown gibt es keine einzige erbliche Krankheit. „Krankheitsanlage ist ein Mittelzustand zwischen vollkommener Gesundheit und Krankheit. Die Potenzen, welche dieselbe hervorbringen, sind einerlei mit denen, welche Krankheit erzeugen." [182]

Der Begriff eines Mittelzustandes zwischen vollkommener Gesundheit und Krankheit läßt an die mittelalterliche „Neutralitas" denken, aber dies entpuppt sich sogleich als Täuschung. Anlage ist nämlich ein Vorstadium vor der manifesten Erkrankung, im heutigen Sinne eine Art Prodromalstadium: „Die Periode der Krankheitsanlage wird kürzer oder länger seyn, je nachdem die Kraft der Potenzen, welche dieselben veranlassen, größer oder geringer ist, und der Zwischenraum zwischen Gesundheit und wirklicher Krankheit wird folglich schneller oder langsamer vorübergehen." [183]

Alle allgemeinen Krankheiten können und müssen an diesem Stadium der Anlage bereits erkannt und erforscht werden; denn „Anlage (geht) allen allgemeinen Krankheiten nothwendig voran ... Ansteckende Krankheiten machen hievon keine Ausnahme ..." [184] Und gleich geht der Blick wieder auf die Physiologie dieser Prozesse. Die Anlage ist selbstverständlich den gleichen physiologischen Regeln wie der Krankheitsprozeß unterworfen. Sie unterscheidet sich von der manifesten Erkrankung nur durch Intensität und Einwirkdauer der Reize, also hinsichtlich eines quantitativen Zeitfaktors. [185] Was gewinnt der Brownsche Arzt, der die „Physiognomie" der Anlage studiert? Nun — der eine Pluspunkt ist schon genannt: Die Diagnostik wird stark vereinfacht. Der Arzt kann allgemeine von örtlichen Leiden, denen eine Anlage nicht vorangeht, unterscheiden. „Die Kenntniß der Krankheitsanlage ist von großer Wichtigkeit; sie sezt den Arzt in Stand, Krankheiten vorzubeugen, ihre wahre Ursache, die in der Anlage gegründet ist, zu begreifen und sie von den so sehr verschiedenen örtlichen Leiden zu unterscheiden." [186]

Verbessert wird also die Diagnostik, auch die Ursachenforschung. Der Arzt kann „Krankheiten vorbeugen" — aber dabei fällt etwas auf. Die Prophylaxe setzt an im Gebiet der Krankheiten, denn Anlage ist ja schon (latente) Krankheit. [187] Brown meint auch gelegentlich nicht vorbeugen, damit keine Krankheit eintritt, was bei der Anlage schon geschehen ist, sondern günstigere therapeutische Ausgangsbedingungen schaffen, höhere Reversibilität des pathologischen Zustandes — ganz im Sinne unserer heutigen Früherkennung. Auf den ersten Blick ist das nur ein winziger Unterschied zu den alten Gesundheitslehren, die die Gesundheit direkt thematisieren und verbessern (!) wollen. Davon kann bei Brown nicht mehr die Rede sein.

8. Gesundheit kennt Brown nicht mehr!

Es mag den Leser erstaunen, die Gesundheit hier unter die Brownsche Krankheitslehre subsumiert zu finden. Damit soll der Stellenwert zur Geltung gebracht werden, den Brown der Gesundheit (noch) einräumt. Es gibt keine positive Bestimmung der Gesundheit, noch ist sie überhaupt sein Thema. In einem Satz: Bei Brown ist Gesundheit die Abwesenheit von Krankheit!

Die Gründe für diesen Wandel müssen — es sei nochmals gesagt — in einer neuen (Baconschen) Medizin gesucht werden, die eine Interventionstechnik in die „natürliche Mechanik" der Krankheiten sein will und nur an dem Erfolgskriterium gemessen wird, „der Erreichung des großen Zweckes aller (medizinischen) Erkenntniß, der Abhaltung und Beseitigung der Krankheit." [188] Betrachten wir ein letztes Mal eine Passage Browns gegen die Hippokratiker, denn es scheint, daß mit diesen auch die alten Gesundheitslehren weichen müssen. In Verkennung der philosophischen Implikation dieser Lehre, legt Brown ihr therapeutisches Abwarten als Versagen aus. Der alte Hippokrates und Stahl waren mit ihrem Latein am Ende — das ist alles! „Unter allen Kräften beschäftigt man sich am meisten mit der *Heilkraft der Natur*. Medizinische Sekten zu allen Zeiten, seit den ersten Denkmälern der Kunst, schrieben derselben mancherlei Verrichtungen zu. So oft nur immer der alte *Hippokrates* bei Erschöpfung aller seiner Kunst in Verlegenheit war, überließ er seine Kuren der Heilkraft der

Natur. Eben dasselbe Wesen, derselbe Genius, oder zu welchem Geschlechte man sie nur immer zähle, oder welchen Namen man ihr beilege, war die vorzüglichste Zuflucht der *Stahlianer.*" [189]

Die Ablehnung der Naturheilkräfte markiert die Kehrtwende in der Medizin von zwei Jahrtausenden Gesundheitslehren zur ausschließlichen Therapie der Krankheiten. Bei Brown kann eine solche Technik noch nicht angeboten werden. Entgegen seiner eigenen Ansicht sind seine Mittel weder theoretisch fundiert noch potent. Das hindert aber den Bacon-Schüler keineswegs, stetig zu fordern, daß man in die Krankheitsmaschinerie eingreifen müsse, sie durchschauen und beeinflussen könne: „... Wenn man endlich diese eingebildete Kraft weder bei dem Gesundheitszustande, noch bei der Anlage, noch auch bei der größeren Anzahl von Krankheiten (denn man nahm vorzüglich und beinahe nur bei Fiebern an, daß eine Heilkraft der Natur sich zeige) auch nur im Traume sich einfallen ließe, und wenn man keinen Grund von irgendeiner Art für ihre wirkliche Existenz in irgend einem Falle beibrachte: — welchen Glauben verdient die *bloße Annahme einer solchen Kraft,* statt des gründlichen Beweises, welchen man bei einer Frage von solcher Wichtigkeit, wie *die Ursache des Fiebers* ist, um so mehr erwarten sollte ...?" [190]

Es gibt keine Heilkräfte der Natur mehr, alles Leben unterliegt den wohlbegründeten Regeln der Physiologie. Bei der Besprechung der chirurgischen Krankheiten und ihrer Behandlung scheint ihm dennoch ein kleiner Ausrutscher zu unterlaufen: „In dieser ganzen Abteilung der örtlichen Krankheiten findet man ein gewisses Bestreben der Natur, den gesunden Zustand wieder herzustellen." [191]

Aber kaum daß dies ausgesprochen, ja fast erschrocken, beeilt er sich, dieses „gewisse Bestreben" doch wieder gehörig der Physiologie zu unterwerfen und fährt fort: „... Aber dies ist nicht jene berühmte *vis medicatrix naturae* der Aerzte ...". In beiden Leiden, örtlichen oder allgemeinen, sei kein Unterschied der Heilmittel nötig, die sich nach der Erregung zu richten haben, und so resümiert er zufrieden: „Bringt man aber die Heilung durch diese Leitung der Erregung zu Stande, dann ist diese *vis medicatrix naturae* überflüßig." [192]

Mit der Gesundheit ist man bei Brown sehr bald fertig. Von 757 Paragraphen seiner „Elementa medicinae" handeln noch ganze drei von ihr: § 3 *definiert,* daß „gesunder Zustand in einer angenehmen, leichten, und genauen Ausübung aller Verrichtungen" besteht; § 65 *nivelliert* Gesundheit und Krankheit, indem er die Vorstellung verneint, „als wenn Gesundheit und Krankheit zwey verschiedenartige Zustände wären ...."; § 70 endlich *räumt* mit einer uralten Utopie *auf:* mit den Träumen von der Möglichkeit einer „ewigen Gesundheit". [193] Das Leben tendiert unwiederbringlich zur Sterblichkeit und Krankheit. Die Ärzte sind uns sicher!

Dies läßt einen weiteren bedeutenden Paradigmawechsel erkennen, der sich hier im Ausgang des 18. Jahrhunderts im verstummenden Diskurs der Gesundheit vollzieht. Die Medizin geht über von einer Theorie der Gesundheit zur Theorie der Normalität, einer Theorie allgemeiner Gesundheitsnormen. Das Thema des 19. Jahrhunderts wird die Bestimmung der Normalität, nicht mehr die der Gesundheit sein. Wenn hier von der Wende zur Normalität die Rede ist, ist damit nicht gesagt, daß die Medizin zuvor keinen Begriff der Normalität gekannt hat und danach überhaupt keine Gesundheit mehr kennt. Eine andersartige Akzentsetzung im Diskurs über die Gesundheit ist gemeint, die deutlich hervortritt, zieht man die Nachfolger Browns heran. Sogleich wird explizit, was in den Brownschen Begriffen ruhte, denn bei verschiedenen Autoren fallen Gesundheit und Normalität plötzlich zusammen. So etwa bei Fries, dessen diesbezügliches Urteil „Gesundheit (sei) das Normalverhältnis der Momente der Erregbarkeit" bereits in anderem Zusammenhang gehört wurde (s. o. S. 58) [194]. Das Thema des 19. Jahrhunderts meisterhaft in dessen eigene Worte kleidend, findet sich bei Pfaff folgende Formulierung: „Der gesunde Zustand ist der gewöhnliche, gleichsam die Norm, der krankhafte der ungewöhnliche, gleichsam die Abweichung." [195] Auch der für sein weitsichtiges Denken bekannte Johann Christian Reil befindet sich in Übereinstimmung mit den Brownschen Zielen, wenn er schreibt: „ . . . Diese sogenannte gesunde Mischung . . . nehme ich . . . als einen festen Punkt (gleichsam als Normal-mischung) an, und rechne Abweichungen von derselben . . . unter die Mischungsverletzungen . . . Der verletzte Zustand der Materie ist also gerade das, was wir Krankheit (morbus) nennen." [196]

Bei allen diesen modernen Pathophysiologen wird Gesundheit identisch mit Normalität, Krankheit ist Abweichung von der Norm, eine Auffassung, die überwiegend noch am Ende des 19. Jahrhunderts vertreten wird, an dessen Anfängen wir uns hier bewegen. Als nicht ebenso haltbar erwies sich die Brownsche Theorie, nach der jene Abweichung eine einzig quantitative sein sollte — schon Reil weiß mehr, wenn er von Mischungsverletzungen der Materie spricht.

Mit diesen Bemerkungen sei die Wende der Medizin von der Gesundheit zur Normalität bezeichnet, keinesfalls sind ihre Ursachen (erschöpfend) behandelt. Dies kann auch nur geschehen, indem man über die Medizin hinaus auf einen tieferreichenden gesellschaftlichen Strukturwandel blickt, der den Diskurs der Normalität steuert. Nicht auf die normativen Bestrebungen der modernen Medizin gemünzt, gleichwohl diese einbeziehend, hat Foucault den normativen Diskurs in folgender Weise veranschaulicht: „Die Individuen werden untereinander und im Hinblick auf diese Gesamtregel differenziert, wobei diese sich als Mindestmaß, als Durchschnitt oder als optimaler Annäherungswert darstellen kann. Die Fähigkeiten, das Niveau, die „Natur" der Individuen werden quantifiziert und in Werten hierarchisiert. Hand in Hand mit dieser „wertenden" Messung geht der Zwang zur Einhaltung einer Konformität." [197]

In der Medizin, die hier nur Teil hat an der gesellschaftlichen Bewegung des 19. Jahrhunderts, bedeutet dies: Nicht mehr Regeln für eine gesunde Lebensführung, sondern reguläres Funktionieren der Organismen wird zum Mittelpunkt des ärztlichen Interesses oder, in Anlehnung an Foucault, statt der „gelehrigen Körper" nun die „normalisierten Körper". Dies bedeutet Abkehr von der Diätetik, der „kontemplativ" begleitenden Therapie par excellence, und Zuwendung zu „operativen" therapeutischen Techniken, etwa chemisch-pharmazeutischer Natur. Dies bedeutet Wende von der Präventions- zur Interventionsmedizin, um es auf der Ebene medizinischer Praxis zu formulieren, wovon wiederum die Ebene der Theoriebildung betroffen wird, denn zur Intervention in die Krankheiten reicht eine qualitative Medizin in Gestalt der (neo)hippokratischen Säftelehren nicht mehr aus und evoziert als ihr theoretisches Rüstzeug die Entstehung einer Pathophysiologie, einer Pathophysiologie der Quantitäten.

Brown selbst steht auch hier wieder ganz im Zenit zweier Zeiten. Zwar kennt er den Terminus „normal" noch nicht, aber worauf sollen sich Begriffe wie „Übermaß", „Mangel", „Stärke", „Abweichung" der Erregung, Reize etc., von denen die Brownsche Lehre geradezu lebt, denn beziehen, wenn nicht auf ein für regelrecht erachtetes Maß, ergo auf eine Norm? Und dieses Maß wollte auch sogleich mehr als ein qualitativer Typus von Normalität sein, der der Gesundheit in der griechischen Mesotēs durchaus zukam. „Hier soll gemessen werden", darf man Browns Lehre ruhig überschreiben, und der fiktive Zahlenwert der normalen Erregung war für alle Organismen gültig, eben universell. Brown konzeptualisiert, ohne freilich ein einziges Mal das Wort zu benutzen, einen statistischen, empirischen Normbegriff. Daß dieser dann doch nur prästatistisch, präempirisch blieb, liegt nicht an revidierten Einsichten seines Verfassers, sondern, wie gezeigt, an den Unzulänglichkeiten seines „Meßmediums", der Schwierigkeit, das richtige Meßverfahren für den menschlichen Organismus zu finden und anwendbar zu machen.

Schelling hat, wieder einmal mehr, sowohl die Probleme einer organismischen Norm als auch die Absichten Browns durchschaut, wenn er schreibt: „Aber wo ist denn nun die Norm zu suchen, nach welcher die Erregung bestimmt wird? In der Erregung selbst gewiß nicht! Wird aber einmal zum Erregungsgrad jene Bestimmung hinzugesetzt, so muß die Ausmittlung der Norm das Wichtigste und Erste seyn, um die reelle Definition oder Construktion der Krankheit zu finden. Dennoch wurde gerade diese Frage bis zu einer gewissen Zeit in völligem Dunkel gelassen." [198] Damit aber ist der Philosoph zum Angriff auf die Methoden Browns übergegangen. Er erkennt die suggerierte Reduktion, die uns nicht mehr nach der Berechtigung der Norm fragen läßt, sondern nach ihrer Praktikabilität.

V. Ein früher medizinischer Positivismus

„In allen Teilen meines Werkes werde ich mich damit befassen, Reihen von Tatsachen aufzustellen; denn ich bin überzeugt, daß darin der einzige zuverlässige Teil unseres Wissens besteht." Unter diesem Motto findet sich nicht der Brownsche Text der „Observations", wiewohl das sehr gut möglich wäre; in dieser Weise leitet 40 Jahre später St. Simon seine Schrift „Memoires sur la science de l'homme" ein, gleichzeitig eine Epoche der Sozialwissenschaften, die nunmehr ihre methodischen Prinzipien von Biologie und Naturwissenschaften beziehen wird: den Positivismus.

Zwei Grundzüge Brownschen Denkens regen an, dieses als medizinischen Positivismus vor dem Positivismus zu bezeichnen; einmal sein Krankheitsbegriff, zum anderen seine Methodik, die in den „Observations" und der „Enquiry" dargelegt ist.

Der häufig zitierte, in seinen Auswirkungen bedachte Grundsatz der Brownschen Lehre, Krankheit ist eine bloße Intensitätsveränderung, wird von Comte aufgenommen und zum Programm der „positiven Pathologie" erhoben: „Bis (Broussais, Anm. d. Verf.) hatte hatte man angenommen, der pathologische Zustand werde von gänzlich anderen Gesetzen beherrscht als der Normalzustand; ... Broussais wies nun nach, daß die Krankheitsphänomene substantiell mit denen der Gesundheit identisch und lediglich der Intensität nach von ihnen unterschieden sind." [199]

Als positivistisch erweist sich indes der Brownsche Krankheitsbegriff nicht durch die Intervention Comtes allein. Indem Comte das Pathologische als „eine mehr oder weniger starke Verschiebung der ... normalen (organismischen) Variationsgrenzen" ansieht, wobei diese rein quantitative Verschiebung niemals „wirklich neue Phänomene zu schaffen" vermag, setzt er nicht nur einen „Qualitätenstreit" der medizinischen Vormoderne fort, den die naturwissenschaftliche Medizin gegen Vitalisten, Animisten und Hippokratiker soeben zu gewinnen im Begriffe ist. [200] Der wirklich positivistische Kern beinhaltet einen fundamentalen Reduktionismus, im vorliegenden Fall den der Krankheitserfahrungen. Mit dem Negieren qualitativer Wesensmerkmale des Pathologischen wird der produktive Gehalt der Krankheit insgesamt bestritten, dies um so aussichtsreicher, als gleichzeitig der objektivierbare Anteil zur alleinigen Wahrheit der Pathologie erklärt wird. Die Krankheit, insofern sie bloß eine Intensitätsveränderung der Gesundheit darstellt, schafft nichts Neues — dies gilt auf der Ebene ihrer Physiologie ebenso wie auf der des Bewußtseins. Der pathologische Zustand bietet gegenüber dem physiologischen keine Überraschungen, keinen Aufbruch zu *qualitativ* andersartigen (besseren) Lebensformen; alles ist schon einmal dagewesen, bleibt im Bereich natürlicher Ordnung. Darin erweist sich der positivistische Krankheitsbegriff als gänzlich statisch, was besonders im Vergleich mit dem romantischen hervorsticht. Ist diesem dynamische Veränderung unverzichtbar, Krankheit ein Stadium des Übergangs, der Unordnung, die Keime neuer Gesundheit in sich trägt und hervorbringt, kommt nunmehr alles einzig auf die Rückführung zur immergleichen Normalität an. Der emanzipatorischen Kraft enthoben, gesellschaftlich-historischer Bezüge entkleidet, reduziert sich die Krankheit auf einen platten Naturalismus: eine Summe von gestörten Geweben und Organen, außer Kraft gesetzten Funktionen, entkoppelten Mechanismen. Diese sowohl individuell als auch gesellschaftlich sinnlose, unnütze Lebensform harrt ihrer Beseitigung durch die Medizin, der die Aufgabe zufällt, das reguläre Funktionieren der Organismen zu überwachen, ihre Abweichung zu registrieren und ggfs. zu korrigieren. Grundlage des positivistischen Krankheitsbegriffs bleibt das pathophysiologische Denken, selbst Teil des „operativen" Diskurses in der Medizin, der regulierend, normierend, organisierend die Körper durchdringt.

Nun ist aber die methodisch-positivistische Struktur nicht nur dem Brownschen Krankheitsbegriff zu eigen. Im ersten Kapitel der „Enquiry", die „Inquiry into the state of medicine, on the principles of inductive philosophy" sein will, nennt Brown, gesteht man zu, er ist der Verfasser, sechs Argumente, die seiner Meinung nach zum Stillstand der Wissenschaftsentwicklung in der Heilkunde des 18. Jahrhunderts geführt haben: "Having taken a retrospect of the general cause which has retarded Philosophy and Medicine, our attention is unavoidably transferred to observe the particular circumstances which have influenced their progression. 1. Love of system, and impatience of delay in the study of particulars. . . . 2. The propensity to account for ultimate facts. . . . 3. The vain wish to demonstrate why causes operate, and not how they operate. . . . 4. The inattention of physicians to the principles of philosophical analysis, arrangement, evidence, and induction. 5. An anxiety in physicians to establish the whims, errors, and opinions, of their respective teachers, rather than to advance and improve the profession. . . . 6. The intermixture of the doctrines of physicians with the hypotheses of philosophy." [201]

Dies sind entscheidende Sätze, die die Medizin im Gegenstandsbereich sowie in der Organisationsstruktur, in Theorie und Praxis, verändern wollen. Noch scheinbar weit vor grundlegenden Methodendiskussionen des kommenden Jahrhunderts ausgesprochen, entwirft der Verfasser überraschend klar ein empiristisches Programm der Medizin, das als Basis einzig die induktive Methode zulassen will. Nach der "Inquiry into the Causes which have retarded the Progress of Medicine" versucht der Autor in den folgenden Kapiteln glaubhaft zu machen, daß es die Anwendung der induktiven Methode auf die Medizin bereits gäbe, nämlich in der Brownschen Lehre. [202]

In den „Observations" macht Brown, nun zweifelsfrei der Verfasser, gleichlautende Ausführungen, wie eine wissenschaftliche Medizin auszusehen habe. Er fühlt sich darin der langen empiristischen Tradition der Newton, Bacon und Locke weitaus mehr verpflichtet, als aller medizinischen von Hippokrates bis Sydenham. Harvey ist einer seiner wenigen medizinischen Vorbilder. Ansonsten verfolgt uns auf Schritt und Tritt der Bruch Browns mit der gesamten medizinischen Tradition, die er in groben Zügen kennt und paracelsisch streitbar angeht. Dieser unbekannte methodenbewußte Brown, der allzu lange unter der

Dornenhecke naturphilosophischer Spekulation schlummerte, mag nun, die Äußerungen der „Enquiry" erhärtend, nochmals breit zu Wort kommen. „In allen diesen (naturwissenschaftlichen, Anm. d. Verf.) Zweigen hat man bereits versuchet, Ursachen anzugeben, ehe man eine hinlängliche Anzahl von Thatsachen gesammelt hatte, und von nicht hinreichend verstandenen Erscheinungen auf andere völlig unbekannte zu schließen." [203]

Medizinische und naturwissenschaftliche Forschung orientiere sich an den Tatsachen allein und meide die Ursachenfrage! „Ferne davon, in eitlen und fruchtlosen Spekulationen in Bezug auf die Natur dieser allgemeinen Ursachen, in Betrachtung derselben in abstracto, und gleichsam in sich selbst ... (beginnt) ... der ächte Philosoph mit Überlegung seines Vorrathes an Tatsachen. Durch wiederholte und genaue Forschung wird er mit denselben vertrauter, sichert sich gegen die Täuschung des Anscheines, studiret und betrachtet den Gegenstand in allen seinen verschiedenen Gestalten und Modifikazionen, spüret einer jeglichen Beziehung nach ... bis er endlich durch gründliche, vorsichtige und weitgediehene *Indukzion* zu einer Thatsache gelangt, welche alle jene in sich vereiniget, und welche selbst von jeder derselben erläutert und bestätiget wird." So und nur so gelangt er schließlich zu gesicherten Tatsachen, er wird von diesen wieder „zu ähnlicher Betrachtung eines dritten geleitet, und sofort gleichsam von einem Ringe zum anderen in einer allgemeinen Kette ...." [204] Ein klares Votum für die induktive Methode, gegen die alle bisherigen Unternehmungen der Naturwissenschaften stümperhaft verliefen. Die bisherige „unechte Philosophiererei" der Naturwissenschaften sowie der Medizin nahm apriorische Qualitäten an und deduzierte von diesen fälschlich verstandenen „Ursachen" „anstatt also auf *Beobachtung und Versuche* Mühe zu verwenden, um die Anzahl gründlicher und brauchbarer Thatsachen zu vermehren, durch welche allein mittels ächter und sorgfältiger Indukzion, die Gesetze der Natur in irgend einer Richtung derselben entdecket werden können ..." [205]

Die „Forschung nach den letzten Ursachen" zwängte die Besonderheit der Naturgegenstände in Übereinstimmung mit philosophischen Hypothesen. Auf solche Weise fanden die Naturwissenschaften nur einen „steten Widerstreit zwischen den Erscheinungen der Natur und ihrer eingebildeten Ursache" und erzeugten in der Medizin eine Vielzahl von Theorien ohne Praxis. Nicht nach dem Wesen eines Naturprozesses, dem „Warum", soll aber nach Brown der Mediziner fragen, sondern er muß sich mit dem „Wie" bescheiden! Oder wie später Claude Bernard, als der Methodiker der empirischen Medizin, formuliert: „Wenn unser Gefühl uns immer die Frage „Warum?" stellt, so zeigt uns die Vernunft, daß uns nur die Frage „Wie?" zugänglich ist; bis auf weiteres interessiert also den Forscher und Experimentator nur das „Wie?". Wenn wir auch nicht wissen können, „warum" das Opium und seine Alkaloide einschläfern, so können wir doch den Mechanismus des Schlafs erkennen und wissen, „wie" das Opium oder seine Wirkstoffe einschläfern ..." [206]

Das „Warum" überschreitet die Grenzen der Erkenntnis in den Naturprozessen. Es ist insofern, wie Brown drastisch vermerkt, die „giftige Schlange der Philosophie". Hütet euch, so warnt er, die Grenzen einer Erkenntnis, die die Erfahrung und die Tatsachen setzen, je zu überschreiten, und vermeidet „sorgfältig die schlüpfrige Untersuchung über die im Allgemeinen unbegreiflichen Ursachen." [207] Ursachenforschung gerät somit zur Metaphysik, von der man die

Naturforscher fernhalten muß. Philosophische Fragen in der Medizin, etwa die nach dem „Ursprung" oder dem „Wesen" der Naturdinge, sind keine Themen für eine Naturwissenschaft, deren Methoden empirisch werden müssen. In der Erfahrung aber erkennt Brown den kritischen Widerpart philosophischer Spekulation. Eine Theorie der Medizin wie die Stahlsche, von der Comte später sagen wird, sie sei die wissenschaftlichste Formulierung des metaphysischen Zustands der Physiologie, verfällt auch ganz der Brownschen Kritik. Seine „Elementa", so rühmt er sich, seien wohl das erste nicht metaphysische Werk, „in welchem das Grübeln über abstrakte Ursachen sorgfältig vermieden worden ist. Ihre Verfolgung hat beynahe jedes Fach menschlicher Kenntniß, das wissenschaftlich behandelt worden ist, verunstaltet." [208]

Damit hat er dem metaphysischen Apriorismus den Kampf angesagt, den er in der Medizin am klarsten in den Prinzipien der hippokratischen Säftelehre verkörpert sieht. Von nun an gilt die Empirie als höchste Form der Erkenntnis, das „Objektive" hat Vorrang vor dem „Subjektiven". Die Fragen nach den Ursachen oder gar dem Sinn, etwa der Krankheit, werden verdächtigt als Spekulation. Vermehrung von Fakten, „Tatsachenforschung", heißt das Schlagwort der Zeit. Die Tatsachen werden möglichst zu universalen Regeln zusammengefaßt, zu Gesetzmäßigkeiten, die dem Einzelereignis seine Normalität vorschreiben.

„Ehe die Methode, durch Indukzion zu philosophiren, bekannt war, waren die Hypothesen der Philosophen roh, grillenhaft und lächerlich. Man nahm seine Zuflucht zu einem Äther, zu verborgenen Qualitäten, und anderen eingebildeten Ursachen, um die verschiedenen Naturerscheinungen zu erklären. Allein seit dem großen Lord *Bacon* von *Verulam*, welchen man den Vater der ächten Philosophie nennen kann, wurde glücklicher Weise ein ganz entgegen gesetzter Weg eingeschlagen. Er überzeugte die Welt, daß *alle Erkenntniß von dem Experimente und der Beobachtung* (Hervorh. v. Verf.) herzuleiten sey, und daß jeder Versuch, durch andere Mittel die Ursachen zu erforschen, ohne Erfolg seyn müsse. Seit dieser Zeit schritten die besten Philosophen auf der von ihm bezeichneten Bahn. *Boyle, Locke, Newton, Hales* und wenige Andere haben binnen wenig mehr, als einem Jahrhunderte die Wissenschaft ungleich mehr verbessert und erweitert, als es die vereinte Kraft seit der Erschaffung bis dahin zu bewirken vermochte: ein entscheidender Beweis, sowohl von dem umfassenden Geiste *Bacon's* als von der Gründlichkeit seines Untersuchungsplanes." [209] An dieser Stelle scheint es der übersetzende Röschlaub kaum mehr ausgehalten zu haben. Er fügt als Fußnote bei: „Unser Kritiker ist für die moderne Wissenschaft zu sehr eingenommen"! [210]

Haben die Romantiker und Naturphilosophen diesen Brown gesehen, den einer der Ihrigen hier kommentiert? Überblickten sie auch die Auswirkungen? Bezog sich darauf die Hegelsche, Schellingsche oder Novalissche Skepsis, jene Phase der Ernüchterung nach allzu emphatischer Brown-Begeisterung? Der missionarisch vorgetragene Positivismus Browns hatte ja bereits ein inhaltliches Korrelat, das sie erkennen konnten, jenen Relativismus von Krankheit und Gesundheit, in dem Brown Comte antizipierte und „überall das Relative an die Stelle des Absoluten" setzte. Krankheit und Gesundheit wurden identische Lebensphänomene, was zum Messen und Quantifizieren im Bereich des Lebendigen nötigte. Das „Wie" an der Krankheit interessierte und nicht mehr das „Warum". Der subjektive Faktor „verging" unter dem Zugriff auf die objektive Krankheitsmechanik. Die Frage nach dem Wesen der Krankheit wurde mehr und mehr reduziert auf dieses „Wie". Der Grund und mögliche Sinn der Krankheit gerieten zur Metaphysik. Aber das sind alles Probleme, die sich Brown nicht mehr stellen. Sie fallen der Theorie zu, der erklärenden Metaphysik. Vielleicht benennt die Kritik ein so dunkler Satz wie der des Novalis: „Krankheit hat Brown schlechterdings nicht erklärt — Seine Eintheilung trifft beydes Leben und Krankheit — Die Erklärung des Wesens — der Entstehung der Krankheit ist weit über Browns Horizont . . ." [211]

Sie haben ihn also erkannt, die Romantiker und Naturphilosophen. Und doch haben sie ihn verkannt und unterschätzt. Denn sie glaubten, ihn uminterpretieren zu können, ihn nutzbar machen zu können für eine Ganzheitsmedizin. Sie verwarfen das Brownsche Methodenkonzept, obwohl es tief mit seinen Begriffen verwoben war und nahmen sich von Brown, was eigentlich dem 18. Jahrhundert gehörte, eben den spekulativen Gedanken der totalen Identität *alles* Lebendigen: der Menschen, Tiere und Pflanzen; der Agrikultur und Medizin; der Physiologie und Pathologie; der Gesundheit und Krankheit. *Alles* Lebendige sollte der simplen verbindenden Formel von Reiz — Reizbarkeit — Erregung gehorchen. Diese aufs Ganze gerichtete Theorie, die kaum nach Details, kaum nach beobachteten und experimentell beweisbaren Tatsachen zu verlangen schien, genau dieses einer philosophischen Interpretation des Lebens entgegenkommende einheitliche Prinzip war es, das die Romantik faszinierte.

Noch Wunderlich rühmte an Brown den historisch richtigen Schritt, den er dann als formal kritisieren muß: „Die bis dahin vergeblichen Abmühungen, das Räthsel des vitalen Mechanismus zu lösen, welche die ganze Speculation des 18. Jahrhunderts geleitet und charakterisirt haben, waren endlich mit Brown zu einem Resultat gelangt, und die Lösung befriedigte um so vollständiger, als sie an die bisherigen Vorstellungen sich durchaus anlehnte, diese nur klärte, und auf Sätze von der bündigsten Kürze zurückführte." [212]

Die Romantiker wollten diesen Brown, der „die Confusion, in welcher sich gegen das Ende des 18. Jahrhunderts die Theorien verfangen hatten" [213], mit einem Schlag zu lösen schien, und sie verdrängten — obwohl sie ihn erkannten — jenen positivistischen Brown, der dem 19. Jahrhundert vorgriff. Es scheint Schelling nie gestört zu haben, Brown theoretisch zu verwerfen und sich trotzdem als brownianischer Arzt zu versuchen. Man teilte Brown auf und schuf sich einen neuen, einen „naturphilosophischen". Wir aber müssen uns daran gewöhnen, in Brown das Nebeneinander zweier Diskurse zu beachten und im Abschluß des 18. den Beginn des 19. Jahrhunderts wahrzunehmen.

VI. Schlußbemerkungen

Wenn man die große Wende der Medizin des ausgehenden 18. Jahrhunderts und damit das endgültige Verlassen der antiken Vorbilder ins Auge faßt, so wird man die Gründe hierzu in einem empirischen Programm suchen müssen, wie es sich die Medizin in Brown gegeben hat, der wiederum nur in einer Kette anderer Autoren, d. h. in einem Diskurs steht und darin begriffen werden muß. Die Empirisierung der Medizin geht indes weit über die Annahme der Methoden des Empirismus hinaus, sie strukturiert das medizinische Begriffsinstrumentarium völlig neu; in ihr verwirklicht sich die Homogenisierung von Pathologie und Physiologie, wobei es eine Physiologie nunmehr im Physiologischen i.e.S. und Pathologischen gibt. Die Physiologie, kaum der „anatomia animata" entwachsen, dehnt sogleich ihren Geltungsbereich ins Pathologische aus, um danach zu neuen organismischen Strukturen, zu Geweben und Zellen, aufzubrechen. Getrennt wird die Physiologie, nun Wissenschaft vom Normalen, von der Pathologie einzig durch Grade, und die Suche nach geeigneten Meßverfahren wird Pflicht und Not; denn hierin liegt, soll nicht Identität, und damit letztlich auch Ununterscheidbarkeit von krank und gesund die Folge sein, die Möglichkeit, ihre tatsächliche Divergenz zum Vorschein zu bringen. Im Messen liegt aber auch das fast schon wieder magisch zu nennende Versprechen wissenschaftlicher Objektivität, liegt auch die „Ausgrenzung des Subjekts aus der Medizin", welches sich künftig, vom minder wissenschaftlichen subjektiven „Wohlund Übelbefinden" geleitet, dem objektiveren, weil meßbaren Befund gegenüber sehen wird.

Es ist weiter zu fragen, ob nicht an dieser Stelle durch die Geschichte der Pathologie eine grundsätzliche Aporie der Medizin freigelegt wird. Denn je mehr und weitergehend die Krankheit als Befund befragt wird, je tiefer der Arzt operativ und apparativ in ihre Entstehungsbedingungen vordringt, um so mehr entzieht sie sich in ihrer Ganzheit und Einmaligkeit. Je mehr aber diese mit der Einheit des Menschen – die Ganzheitspathologien des 20. Jahrhunderts geben hier Zeugnis – (wieder) zum Vorschein gebracht werden, desto mehr verliert sich die Realität der Krankheit in ihrer Allgemeingültigkeit, als Befund, in ihrem Charakter der Entität. Anders gesagt: Schließen sich nicht die Analyse der Entität „Typhus" und die der Ganzheit des Typhuskranken gegenseitig aus? Damit wäre eine Art Unschärferelation der Krankheit bezeichnet.

Ein empirisches Programm der Medizin bedingt auch den nosologischen Strukturwandel der Pathologien, denn Messen ist nur ein Sonderfall der Klassifikation. Nicht phänomenologische Ähnlichkeit in einem „nosologischen Tableau", sondern die Zeitstruktur der Krankheit leitet die nosologische Klassifikation. Die Zeit der Krankheit, eins mit der Zeit des Körpers, wird zur nosologischen *Variablen.*

Erst mit dem 19. Jahrhundert erfährt die pathophysiologische Tiefenstruktur der Krankheit ihre pathoanatomische Verräumlichung. Dies geschah nicht, wie man vermutet, mit Morgagni, sondern erst, wie Foucault zeigt, mit der „Geburt der Klinik". In der institutionellen Reform der großen Krankenhäuser, geschult an einer veränderten Praxis, vollzieht sich der grundsätzliche Wandel des „ärztlichen Blicks", der die pathoanatomische Läsion mit einem hierzu erst entstehenden Vokabular diagnostischer Techniken (in erster Linie Perkussion und Auskultation) verbinden kann. Für Brown bestand noch eine Situation der Konkurrenz von Pathophysiologie und Pathoanatomie, was zeigt, daß sie sich unabhängig voneinander konstituieren konnten; ja, im 18. Jahrhundert dominiert eigentlich sogar die Pathophysiologie. Dies macht dann auch verständlich, warum Auenbrugger bekanntlich verkannt wurde und erst in Corvisart, einem Vertreter der neuen Medizin der Spitäler, zu verdienten Ehren gelangte, und warum die pathologische Anatomie Morgagnis, fast ist man versucht zu sagen, der Wiederentdeckung durch Bichat bedurfte. Erst die Medizin der Spitäler kann die Neukonzeption der Krankheiten vollenden und die Krankheit auf eine anatomisch-ätiologische Weise in unserem heutigen Sinne definieren; erst mit der Klinik wird die „Neuverteilung" von Symptom — Krankheit — pathogenetischem Befund, die in Brown begann, zum Abschluß gebracht. [214]

Auf der Basis eines empirischen Programms verwirklichte die Medizin des 19. Jahrhunderts, was Brown mit der Forderung nach logischen, rationalen Heilmitteln verfolgte: eine Pharmakologie, die nunmehr allen Ehrgeiz daransetzte, eine Chemie der Heilmittel zu erfinden, sie technisierbar zu machen, Pharmaka herzustellen, die naturanalog wirkten, aber doch oft genug nirgends in ihr, die sie auch weit übertrafen, zu finden waren.

Dieser Abschluß des Baconschen Programms, zugleich sein Höhepunkt, bedeutete auf lange Zeit, nicht mehr nur in polemischer Rede, sondern real, das Ende der Diätetik in der Medizin; denn es bestand angesichts des in der Tat umgesetzten „die Natur der Krankheiten erkennen und beherrschen" kein Bedarf mehr an alten Weisheiten, die die Gesundheit zu erhalten lehrten. Hufelands „Makrobiotik" und v. Feuchterslebens „Diätetik der Seele" waren eigentlich bereits antiquiert, bevor sie geschrieben wurden. Der Brownianismus lief ihnen den therapeutischen Rang ab, dies, obwohl seine Heilmittel (noch) nicht potent waren.

Die hier versammelten Argumente, die den Wandel der Medizin im 18./19. Jahrhundert transparent machen wollen, können gleichzeitig die außergewöhnliche Popularität Browns unter den Ärzten seiner Zeit erklären, ein Erfolg, der mit Sicherheit heutzutage keinem seriösen Mediziner gelingen könnte. Dem zitierten Urteil Shryocks wird man entgegnen müssen, daß es gerade der Schritt in die Moderne und die Abkehr vom 18. Jahrhundert war, der die Ärzte um 1800 in so großer Zahl dem Brownianismus zutrieb. Dies bedeutet keinesfalls, daß in dieser Lehre eine völlig neuartige Medizin zum Vorschein kam; eine fehlende experimentelle Physiologie, geringe klinische Beobachtungen, die zudem nicht pathoanatomisch gestützt wurden, setzen die ins 18. Jahrhundert weisenden Akzente. Trotzdem sind die zentralen Probleme der Medizin in Nosologie und Therapie erkannt und herausgestellt. Am Brownschen System imponieren überall Zeichen des Übergangs, Widersprüche, die zur Lösung drängen. Es stellt die absolute Steigerung des Systems dar, einen Höhepunkt, der gleichzeitig Endpunkt wurde – mit Brown verschwinden die Systeme aus der Medizin. Das „Räthsel des vitalen Mechanismus", wie Wunderlich meint, wurde *spekulativ* „auf Sätze von der bündigsten Kürze zurückgeführt", die in ihrer äußersten Abstraktheit die Notwendigkeit einer empirischen Erforschung des realen Organismus bezeichneten, ein Umstand, der Brown zu einer wegweisenden Methodenkritik veranlaßte. Die theoretischen Konzepte des 18. Jahrhunderts sind von den methodischen Strategien des 19. Jahrhunderts durchdrungen.

Als konsequenzenreich erwies sich das mit Brown beginnende pathophysiologische Denken, obgleich seine Grundlagen, im Erregungsbegriff falsch erfaßt, noch aller exakten Bestimmung harrten. In dieser Fortsetzung des operativen Diskurses ist die Auseinandersetzung mit Brown bleibend aktuell. Man wird die Erfolge dieses Denkens und Handelns in der Medizin kaum bestreiten können; objektive Grenzen scheinen ihm erst in der Gegenwart gesetzt, in der Erfolglosigkeit der Erfolge, im Wandel des Krankheitsspektrums von den Infektionskrankheiten (19. Jahrhundert) hin zu den langwierigen chronischen Problemfällen. Nicht allein ein Denken auf der Matrix der Infektionskrankheiten, auch die analoge Intervention in die Mechanik der Krankheiten wirkt in dieser Krankheitslandschaft zunehmend anachronistisch. [215] Eigentlich ist die Gültigkeit des positivistischen Krankheitsbegriffs auf den engen Erkenntnisstand der Medizin zwischen Brown und Comte zugeschnitten, denn schon bei näherer Betrachtung der Stoffwechsel- und Erbkrankheiten ließ sich kaum sinnvoll von Übertreibungen durchaus normaler organismischer Vorgänge sprechen. Heutige pathogenetische Kenntnisse sowie der zitierte Paradigmawechsel der Krankheiten machen eine Revision des positivistischen Naturalismus, sofern er noch besteht, überfällig. Gestalt und Komplexität der Krankheiten in der Gegenwart, die überwiegend in einer gestörten Lebensweise gründen, lassen sich als Dysregulationen, veränderte Gewebe und quantitative Mißverhältnisse kaum erschöpfend beschreiben. Die Einbeziehung der Person ist ebenso erforderlich wie die Erfassung des Milieus. Gleichfalls ist in der Medizin der chronischen Leiden dem sich häufenden Faktum Rechnung zu tragen, daß Gesundheit oder besser Stabilität eintritt trotz Fortbestehen eines klinischen Befundes und dauernder Einbußen. Der Hämophiliekranke ist gesund, solange er eine ihm gemäße Lebensweise einhält, sich in einem geeigneten Milieu bewegt. Krankheit kann nicht als eine naturalistische Tatsache vom Verhalten des Individuums in einer konkreten Umwelt abgestreift werden. Ein Befund der Medizin ist für sich genommen nur ein biologisches Faktum, das der Interpretation bedarf. Eine pathoanatomisch veränderte Gallenblase mag gleichbleibend symptomlos sein. Trotzdem stellt sie einmal nur einen Befund dar, während sie ein anderes Mal zur Krankheit wird, nämlich dann, wenn unter Abwägung der besonderen Situation des Kranken eine „Gefährdung" absehbar ist, ob augenblicklich oder künftig, spielt dabei eine untergeordnete Rolle.

An dieser Stelle scheint es möglich, das kranke Subjekt wieder in seine Urteilskraft bezüglich seinem Empfinden einzusetzen. Denn gesund und krank entscheidet sich nicht im Labor, bei der Biopsie oder einem anderen diagnostischen Verfahren, das der Befunderhebung dient, sondern allein im klinischen Kontext, in der Interaktion und Übereinkunft zwischen Arzt und Patient.

In diese Ebene des unverstellten Kontaktes eingebracht, wird es unmöglich, Krankheit anders denn als Eintritt in eine neuartige Lebensordnung zu verstehen. Die Krankheit zwingt den Kranken zu einer spezifischen, seinen Alltag durchbrechenden Veränderung. Bedeutet aber Krankheit, um das Problem durchaus nicht in der Ebene des Bewußtseins und Verhaltens zu fixieren, nicht auch im Physiologischen den Übertritt in eine neue Ordnung, lernt der Organismus in der und durch die Krankheit nichts Neues? Phänomene wie Schmerz[216] und Allergie lassen an der unbedingten Identität organismischer Prozesse in Gesundheit und Krankheit zweifeln, zeigen Grenzen des pathophysiologischen Denkens auf. Verlauf und Kontinuität schließt die Entstehung eines qualitativ Neuartigen nicht aus. Zugegeben, daß wirksames ärztliches Handeln die Einheit von Pathologie und Physiologie fordert, muß aber deshalb das Leben in Gesundheit und Krankheit sich selbst gleich bleiben? „Man kann durchaus bestreiten, daß Krankheit eine Art Vergewaltigung des Organismus bedeutet, und sie vielmehr als ein Ereignis ansehen, das der Organismus durch ein Zusammenspiel seiner regulären Funktionen selber schafft, ohne doch das Neue an diesem Zusammenspiel zu leugnen. Ein bestimmtes Verhalten des Organismus kann frühere Verhaltensweisen fortführen und zugleich ein anderes sein. Die Stetigkeit eines Übergangs (avènement) schließt die Originalität eines Vorfalls (événement) nicht aus."[217]

Die „Krankheit des Kranken" birgt zwei nicht zu trennende Momente, sie besitzt *Prozeß-* und *Ereignis*charakter. Das pathophysiologische Denken betont einseitig den Prozeßcharakter der Krankheit. Die Eliminierung des Ereignishaften in Gestalt des Unregelmäßigen, Überraschenden, Einmaligen, ist ein naturwissenschaftliches Artefakt, Folge des Blicks durch die Apparatur, der die Wahrnehmung schärft und schwächt. Daß die Krankheit auch Ereignis ist, bedeutet noch nicht, sie schon als Erhöhung und Erweiterung der Existenz aufzufassen. Ob sie, wie die Romantiker glaubten, ein begrüßenswertes, kreatives Ereignis darstellt, läßt sich wohl generell kaum beweisen. Mit der Feststellung aber, daß der Krankheit Ereignischarakter zukommt, ist die Gegenposition zu Brown genannt, die im frühen 19. Jahrhundert vor jener entscheidenen Verwissenschaftlichung der Medizin als romantischer Krankheitsbegriff bekannt wurde. In einer inneren Verbindung dieser beiden Positionen scheint eine größere Wahrheit über die Krankheit zu liegen, als in der alternativen Bevorzugung eines der beiden Standpunkte.

Anmerkungen

[1] Sammlung auserlesener Abhandlungen zum Gebrauch praktischer Aerzte, 2. Stück. Leipzig 1774, 179–183.

[2] Foucault (1973) 103 f.

[2a] vgl. Abb. 5. Skala der Erregung.

[3] Rothschuh (1978) 342. Rothschuh wiederholt hier ein gängiges Urteil, ohne zu fragen, welchen Sinn eine so breit rezipierte Theorie wie die Brownsche verfolgte und welche Antworten Brown auf Probleme damaliger Physiologie gab.

[4] Baldinger's Medicinisches Journal 21 (1789) 6.

[5] Henle (1864) 63.

[6] Meyer-Steineg (1921) 306 ff.

[7] A.o.O., 404.

[8] Zur Verwendung des Begriffs „Diskurs" im wissenschaftshistorischen Kontext vgl. Foucault (1977).

[9] Shryock (1947) 58 ff.

[10] Müller (1970) 34; 44.

[11] Brunonis, Joannis: Elementa medicinae. 2. Aufl. Edinburgi 1784. Zitiert wird nach der deutschen Ausgabe von Pfaff, D. H.: John Brown's System der Heilkunde. Kopenhagen 1796, nicht, weil es die solideste Übersetzung ist, sondern ein allgemein zugänglicher Text. Pfaff erlaubt sich z. B. eine überaus reichhaltige Kürzung der Brownschen Anmerkungen, die die Intention des Textes entstellt, korrigiert sich dann aber in einer späteren Ausgabe von 1804.

[12] Beddoes, Th.: John Brown's Biographie nebst einer Prüfung seines Systems von Thomas Beddoes und einer Erklärung der Brownischen Grundsätze von T. Christie. Aus dem Englischen von Scheel. Ein Anhang zu Brown's System der Heilkunde. Kopenhagen 1797. Zitiert als: Beddoes.

[13] Brown, W. C.: The Works of Dr. J. Brown, to which is prefixed a biographical account of the Author. Vol 1–3, Edinburgh 1804. Die Biographie wurde von C. W. F. Breyer ins Deutsche übertragen und herausgegeben von: Röschlaub, A.: John Brown's Leben beschrieben von dessen Sohne Dr. William Cullen Brown. Frankfurt 1807.

[14] Vgl. Brief der Tochter Browns, Elisabeth Cullen Brown, vom 11. Jan. 1827. Edinburgh University Library, Dk 8.3.

[15] Beddoes und W. C. Brown berichten übereinstimmend von einer zweimaligen Präsidentschaft Browns (1776 und 1780). James Gray, der den „Minute Books" der Royal Medical Society folgt, erwähnt eine weitere Präsidentschaft 1773–74. Die Divergenz mag dadurch zustande kommen, daß Brown 1776 und 1780 jeweils „senior president" der Gesellschaft war. In dieser Eigenschaft führte er den Vorsitz und vertrat die Gesellschaft in allen öffentlichen Angelegenheiten. 1773–74 bekleidete er dagegen nur eins der Ämter im vierköpfigen Präsidium, dessen Vorsitz Andrew Duncan innehatte. Vgl. Gray (1952). Ebenfalls: Semllie (1788). Sowie: Royal Medical Society of Edinburgh. Laws and List of members.

Edinburgh 1792. Und: Transactions of the Royal Medical Society of Edinburgh. 1 (1788)-3 (1794).

[16] Brown, J.: Observations on the principles of the old system of Physic, exhibiting a compend of the new doctrine. London 1787. Übersetzt als: John Brown's Bemerkungen über die ältern Systeme der Medizin und Umriß der neuen Lehren. In: Röschlaub, A.: John Brown's sämmtliche Werke. B. 3, Frankfurt 1806/1807. Zitiert als: Observations nach der Übersetzung Röschlaubs.

[17] Zitiert als Enquiry.

[18] Im einzelnen s. Literaturverzeichnis.

[19] Abb. 1. St. Andrews University Minute entry relating to graduation of John Brown. St. Andrews University Library. Alle Photographien wurden von Herrn L. Baur, Institut für Geschichte der Medizin, Heidelberg, angefertigt.

[20] Brief Alex Johnson an James Cumming. 8. Februar 1785. Edinburgh University Library, LaII 82, 4.

[21] Alex Johnson an McDonnel. London, 12. März 1785. Edinburgh Library, 82.

[22] Eine weitere Analyse des Briefwechsels der oben genannten Ärzte, die neue Stellungnahmen zu Browns Werk ans Licht bringen könnte, wurde nicht geleistet, da sich hierzu ein größerer Aufwand als notwendig erwies, der im brieflichen Kontakt nicht mehr bewerkstelligt werden konnte.

[23] Pharmakopoea Collegii Regii Medicorum Edinburgensium 6. Aufl. Edinburg 1774.

[23a] Seinen überaus brillanten Lateinkenntnissen verdankte Brown überhaupt seine erste Berührung mit der Medizin. Thomas Somerville, ein alter Schulfreund, berichtet in seinen Memoiren, daß er Brown mit William Elliot of Arkleton, einem Mitglied der Royal Medical Society, bekannt machte. Brown versprach, kurzfristig Elliots Dissertation zu übersetzen, womit uns die einzig sicher bekannte Brown-„Dissertation" vorliegt. Das nachhaltige Ergebnis dieser Bekanntschaft aber waren Browns Studienwechsel zur Medizin − er hatte zunächst seit 1756 Theologie studiert − und ferner seine Verbindung zur Royal Medical Society, der er dann seit 1761 laut Statuten der Gesellschaft offiziell angehörte. Somerville, T.: My Own Life and Times, 1741−1814. o.O.u.J.

[24] Über Namen, Zahl und Schicksal der Brown Kinder − immer wieder falsch überliefert − gibt der Brief E. C. Browns an James Campbell vom 8. März 1825 Auskunft. Edinburgh University Library, Dk. 8.3.

[24a] Cullen, William M. D.: List of Dr. Cullens students at Edinburgh University in the Classes of Chemistry 1755−1765, Materia Medica 1761, and Clinical Medicine 1763. Edinburgh University Library. Da (class lists) Acc. 6473.

[25] Gray setzt den Beginn der Brownschen Privatvorlesungen mit 1778 etwas zu spät an (vgl. Beddoes und W. C. Brown, die 1776 nennen): "When his application for the Chair of the Institute of Medicine proved unsuccessful, he (Brown, Anm. d. Verf.) began, in 1778, to deliver lectures on his new system . . .". Gray (1952).

[25a] Gray, in Übereinstimmung mit Beddoes und W. C. Brown, berichtet über die Ereignisse in der Royal Medical Society: "The students formed two parties, the Cullenians and Brunonians, and debated the points at issue with partisan heat; the latter, as rebels against authority, showed the greater vehemence in the very lively debates at the meetings of the Royal Medical Society". A.o.O., 52.

[26] "In Edinburgh also feeling ran high among the students, and the society found itself compelled to pass a law against duelling." Gray (1952) 57.

[27] Thesaurus medicus Edinburgensis novus. Edinburgi 1785.

[28] Beddoes (1797) 40, 41.

[29] Siehe S. 9. Die englische Fassung der beiden Briefe findet sich in: Enquiry, 370, 371.

[30] Vgl. diesbezüglich etwa: Beddoes (1797) 53; ebenfalls; Röschlaub (1807) 123 f. Sowie: Girtanner Bd. I, 134.

[31] Gray (1952) 57.

[32] A.o.O. 58.

[33] A.o.O. 59.

[34] A.o.O. 60.

[35] A.o.O. 61.

[36] Die „Transactions" der Royal Medical Society von 1788 und 1790 führen Browns Namen weder in ihren Mitgliederlisten noch verzeichnen sie — was durchaus unüblich ist — seinen Tod. Vgl. Transactions of the Royal Medical Society of Edinburgh 1 (1788) — 2 (1790).

[37] Für ihre Hilfe bei der Übersetzung des Briefes danke ich Frau Christa Erbacher-von Grumbkow.
Weiteres Briefmaterial zu Brown liegt dem Verfasser vor, fand aber, da lediglich biographische Anmerkungen über Brown und seinen Schülerkreis daraus hervorgehen, keine Verwendung.

[38] Dieses literarische Produkt eines medizinischen Systemkampfes hat Beddoes erhalten und Scheel ins Deutsche übertragen. In: Beddoes (1797) 69—76.

[39] Observations, 79.

[40] Beddoes (1795) 25.

[41] „Die etablierte Ärzteschaft Pavias stand Franks Methoden skeptisch gegenüber... Umso grösser war der Widerhall bei den jungen Studenten, die Frank drängten, in seinen Vorlesungen nach dem Brownschen System zu lehren. Doch Franks Gegner setzten sich durch und veranlassten 1794 beim Gouvernement in Mailand einen Erlass, wonach es Repititoren verboten war, Browns Thesen vorzutragen. Da Frank aber bald danach — auf Betreiben seines Vaters — zum Professor ernannt wurde, hatte dieses Verbot für ihn nicht lange Gültigkeit." Müller (1970) 14.

[42] Girtanner Bd. I (1797) 193. Röschlaub (1795).

[43] Girtanner, a.o.O., 184 f.

[44] Lesky (1965) 26.

[45] A.o.O., 26 f.

[46] A.o.O., 27 f.

[47] Fouquier (1805).

[48] Gleich auf Seite 1 seiner „Regulative für die Therapeutik", Leipzig, 1803, vollzieht Fries eine bemerkenswerte Analogie, indem er Brown mit Lavoisier, was häufiger vorkommt, und Adam Smith, was originell ist, vergleicht. Dabei werden Fries nicht allein die gemeinsame schottische Abkunft der beiden Zeitgenossen vor Augen gestanden haben, sondern eher interne Strukturanalogien des Smithschen Wirtschaftsliberalismus und der Brownschen Reiz-Reizbarkeit Wertskala, dem permanenten Wechselspiel zwischen Umwelt und Organismus. Ob einer solchen biologisch-gesellschaftlichen Ökonomie zugestimmt werden darf, vermag diese Untersuchung nicht zu entscheiden. Gleichwohl ist damit eine äußerst fesselnde Problematik aufgeworfen.

[48a] Röschlaub (1807), XX.

[48b] Natürlich kannte ein historisch geschulter Pathologe wie Virchow den Namen Brown. Möglicherweise hat er sogar seine „Elementa" gelesen, was nicht verbürgt ist. Trotzdem lesen sich seine Ausführungen von der Royal Society in London am 16. 3. 1893 mehr wie Avancen an die angelsächsische Heilkunde, denn als Würdigung Browns, wenn es heißt: Schon Browns erstes Werk, „die Elementa medicinae, (hatte) die Wirkung eines Erdbebens: der ganze europäische Continent wurde davon erschüttert, und selbst die Aerzte der

eben erst erschlossenen neuen Welt beugten sich dem Joche seiner revolutionären Ideen; in wenigen Jahren war der Anblick des ganzen Gebietes der Medicin von Grund aus verändert". Berliner Klinische Wochenschrift 30 (1893) 358.
Inhaltlich bemerkt Virchow die Bedeutung Browns für die moderne Physiologie, näher, die Wichtigkeit seines Irritabilitätsbegriffs, eine Überlegung, der bereits frühere Ausführungen Virchows in „Reizung und Reizbarkeit" verpflichtet waren (s. a. S. 25) der vorliegenden Arbeit). Browns Hauptverdienst, Pathologie als Physiologie mit Hindernissen erkannt zu haben, vermag Virchow, obwohl ihm die Rezeption Browns durch Johannes Müller voll bewußt ist, möglicherweise aus eigener Befangenheit nicht zu bemerken.

[49] Die Brownrezeption im deutschsprachigen Raum, Italien und Frankreich ist die entscheidende, da diese Länder im 19. Jahrhundert den Fortschritt der medizinischen Wissenschaften beflügeln. Selbstverständlich kann man auch eine Wirkung Browns in anderen Ländern nachweisen, was in verschiedenen Untersuchungen bereits geschehen ist.

[50] Rath, G.: Alexander von Humboldt and Brunonianism. In: Journal of the History of Medicine 15 (1960) 75−79.

[51] Risse (1976) 321−324.

[52] Neubauer (1967) 367−382. Ders.: (1971).

[53] Bole (1974) 287−297.

[54] Risse (1974) 682−687.

[55] Leibbrand (1956), insbesondere S. 78, wo es heißt: „Was nun Brown von den herkömmlichen Vitalisten *unterscheidet,* und ihn *daher* in Frankreich nicht recht zu Wort kommen ließ − nur zwei Nichtmediziner, Fourcroy und Berthollet, waren seine Anhänger..." (Hervorh. v. Verf.).

[56] Recueil périodique de la Société de santé de Paris. T. I−XIV. Paris an V bis an VI. (Edit. Sedillot, Jean).
Jena kann neben Göttingen und Bamberg als ein Zentrum des Brownianismus in Deutschland gelten. Bereits 1794/95 entstehen hier drei Dissertationen, die sich mit der Brownschen Lehre auseinandersetzen. Vgl. Bibliographie der Sekundärliteratur II.

[57] Vgl. Humboldt (1797) 11, 23.

[58] Besonders charakteristisch für die Umwege der französischen Brownrezeption ist die Herkunft einer Arbeit, die noch im gleichen Jahr R. J. Bertin vorlegt. Denn Bertin wird im Zuge der napoleonischen Feldzüge mit Frank in Italien bekannt und bringt das Brownsche System quasi als Kriegsbeute über die Alpen. Er stützt sich bei seiner Übersetzung aus dem Italienischen auf den deutschen Text Weikards, den Frank zuvor ins Italienische gebracht und um Krankengeschichten vermehrt hatte: «Doctrine médicale simplifiée, ou Eclairissement et confirmation du nouveau système de médecine de Brown; par le docteur Weikard, conseiller de Joseph Frank...». Paris 1798.

[59] Mémoires de l'Institut National de Paris an VI, III «Liste ouvrage imprimés presentés à la classe...».

[60] Recueil périodique, a.o.O., T. 3, 239 ff.

[61] Jean Baptiste François Léveillé hatte nach Studien am Hôtel Dieu unter Desault ebenfalls in der Italienarmee Napoleons gedient, wo er 1800 das stehende Hospital in Pavia „dirigierte" und sich mit Scarpa befreundete. Er blieb sein ganzes Leben überzeugter Brownianer. A.o.O., T. 3, 327. Sowie Anm. 59.

[62] Recueil périodique, a.o.O., T. 327 ff.
Der Autor der „Notice", der schon bekannte Desessartz, zeigt erstaunlich geringe Kenntnisse über Brown und dessen Werk, das er mit Sicherheit nicht im Original gelesen hat. So verlegt er z. B. die Erstausgabe der „Elementa" ins Jahr 1776 und behauptet für 1781 ein weiteres englisches Werk Browns (möglicherweise die „Enquiry"). Dieser Sachverhalt, der ein Bild von der Verbreitung Browns in Frankreich gibt, läßt sich aber relativ leicht über die komplexe Sekundärrezeption italienischer Quellen erklären.

⁶³ Recueil périodique, a.o.O., T. 3, 480 ff. Vgl. auch Sacchi (alias Carminati) (1793). Bassian Carminati war Professor für theoretische Medizin und Pharmakologie in Pavia.

⁶⁴ Corvisart J. N.: Vorwort zu seiner Übersetzung: Auenbrugger, Nouvelle méthode pour reconnaître les maladies internes de la poitrine. Paris 1808, VII. Deutsch zitiert nach Foucault (1973) 134.

⁶⁵ Andere brownianisch inspirierte Militärärzte, die aber erst zwischen 1803—1808 eine reiche publizistische Tätigkeit entfalten, sind Prost, Lafont-Gouzi und Chortet. Weitere Literaturangaben entnehme der Interessierte der Bibliographie.

⁶⁶ Recueil périodique, a.o.O., T. 4, 140 ff.

⁶⁷ Vgl. diesbezüglich die Ausführungen Foucaults (1973) 79—101.

⁶⁸ Fourcroy, A. F.: Rapport à la Convention au nom des Comités de Salut public et d'instruction publique, an III, 9. Deutsch zitiert nach Foucault (1973) 85 f.

⁶⁹ Foucault (1973) 81.

⁷⁰ Beilage des ersten Hefts der Receuil périodique. Deutsch zitiert nach Foucault (1973) 89.

⁷¹ D'Irsay (1935) 145 ff.

⁷² Mémoire à la séance publique de la Société de médecine de Paris. An VII. 8°. Gilbert beschäftigt sich in diesem Vortrag u. a. ausführlich mit der Bedeutung des Brownianismus für die französische Medizin. Vgl. auch die Rezension in der Medizinisch-chirurgischen Zeitung, Salzburg, 2 (1800) 353—357.

⁷³ Dem französischen Medizinhistoriker Daremberg kommt das Verdienst zu, die Beziehungen zwischen Brown und Broussais zuerst ausführlich gewürdigt zu haben. Vgl. Daremberg (1870) 1120—1147.

⁷⁴ Canguilhem (1974) 25—38.

⁷⁵ Ackerknecht (1953) 320—324.

⁷⁶ Virchow (1862) 35.

⁷⁷ A.o.O., 36.

⁷⁸ Pfaff (1796) 39.

^{78a} Virchow (1858) 3 ff.

⁷⁹ Diese Perspektive schlägt auch Risse (1970) 45 vor.

⁸⁰ Pfaff (1796) 3, 4.

⁸¹ Die englischen Termini: „exciting powers" — „excitability" — „excitement" —, die eine sehr schöne (intendierte) Wortstammanalogie herstellen, wurden sehr verschieden ins Deutsche übersetzt. Hier sollen die Begriffe Reiz-Reizbarkeit-Erregung verwendet werden.

⁸² Barthez (1806). Deutsch zitiert nach Rothschuh (1968) 159.

⁸³ Observations, 107.

⁸⁴ Vgl. dazu auch Röschlaubs Bemerkung: „Brown's Lehre des Lebens, wie derselbe sein System genannt wissen will . . ."! In: Observations, IX.

⁸⁵ Schelling (1975) 560.

⁸⁶ De Tracy, D.: Eléments d'ideologie (1805—1815). Deutsch zitiert nach Arnold (1959).

⁸⁷ Magendie, F.: Précis Eleméntaire de Physiologie. T. 1, Paris 1816, III f.
Von Heusinger wird die obige Passage übersetzt: „Was sind denn die thierischen oder Lebens-Geister der Alten, die Facultäten des Galen, das principium movens und generans des Aristoteles, der archeus, die Lebenskräfte usw., die man nacheinander zur Erklärung der thierischen Verrichtungen angenommen hat, anders, als die willkürlichen Annahmen, welche eine lange Reihe von Jahrhunderten hindurch dazu gedient haben, die Unwissen-

heit zu verstecken, in der man rücksichtlich der Ursache des Lebens jederzeit gewesen ist, vielleicht immer seyn wird?
Welches ist das Resultat davon gewesen? Es ist das, daß die Physiologie ... noch eine Wissenschaft in der Wiege ist.
Magendie, F.: Grundriß der Physiologie. (Übersetzt von C. F. Heusinger). Eisenach 1820. Th. 1. Eisenach 1820. 3 f. Vgl. auch: S. 42 dieser Arbeit.

[88] Pfaff (1796) 5.

[89] Pfaff (1796) 11.

[90] Zur „Scale" s. später S. 48.

[91] Pfaff (1796) 17.

[92] Pfaff (1796) 5.

[92a] Reallexikon der Medizin, Bd. 5. München 1974.

[93] Eine Muskelkontraktion ist bei Brown ein Reiz, der die Reizbarkeit hervorbringt, für Haller dagegen die Wirkung eines Reizes!

[94] Pfaff (1796) 3—5.

[94a] Bernard, C.: Rapport sur les progrès et la marche de la physiologie générale en France. Paris 1867. Deutsch zitiert nach Canguilhem (1979) 104.

[94b] Diese Überlegungen folgen dem differenzierten Ansatz von Georges Canguilhem in: Die Herausbildung des Konzepts der biologischen Regulation im 18. und 19. Jahrhundert. In: Canguilhem, G. (1979) 89—109.

[94c] Zum Vergleich erneut die Definition des Reallexikons der Medizin, Bd. 5. München 1974. „Regulation (ist die) Steuerung eines Geschehens, ... i.w.S. biologisch die der Anpassung an die Umwelt, d.h. der Aufrechterhaltung der Homöostase dienenden, durch Regelkreisläufe gesteuerten Funktionen, realisiert von Nervensystem ... Hormonen ... und anderen humoralen Faktoren". Daraus ergibt sich als Dysfunktion die Regulationskrankheit, eine „durch Störung eines regulierenden Funktionssystems bedingte Krankheit".

[95] Pfaff (1796) 12.

[96] Pfaff (1796) 9.

[97] Pfaff (1796) 9—10.

[98] Pfaff (1796) 9.

[100] Kant, I.: Werke (Akademieausgabe) Bd. 7, 255.
Schelling sieht ebenfalls in dem quantitativen Element das entscheidende Bindeglied zwischen Brown und Kant: „Brown in der Ansicht des Organismus und Kant in der Lehre von der Materie waren sich ähnlich darin, daß sie ein bloß quantitatives oder eigentlich arithmetisches Verhältnis der beiden Faktoren ihrer Construction erkannten, und daß sie eben deßhalb alle qualitative Verschiedenheit übersahen, oder die Construction derselben verweigerten." Schelling (1860) 270. Den Äußerungen Schellings wird man zustimmen dürfen, zumal wenn man Kants handschriftlichen Nachlaß heranzieht. Hier findet sich unter der Fragestellung: Quantität der Materie, ihre Beziehung und Umwandlung in Kräfte und ihre mögliche Ponderabilität? — folgende Notiz: „Gewichte vis interne motiua (gemeint sind wohl chemische, bewegte und bewegende Materien oder Kräfte. Anm. d. Verf.) als cohaesibilitaet. — + a und − a sind einander nicht qualitative sondern nur in der Relation der Richtung entgegengesetzt wenngleich die Materien gleichartig sind −. Eine bewegende Kraft oder jede Ursache der Aufhebung der Wirkung einer Anderen Kraft kan nicht als Schwäche sondern muß als schwächend angesehen werden und in realer Opposition gegen die stärkende. Brown." Kant-Werke, Akademieausgabe Bd. 22, 175. Damit sind jedoch, wie Schelling weiß, gewichtige Konsequenzen verbunden, nicht zuletzt die Notwendigkeit, „Krankheit überhaupt aus dem bloß quantitativen Verhältnis der Erregung zu begreifen". Schelling (1860) 269.

[101] Pfaff (1796) 8, 9.

[102] Pfaff (1796) 32.

[103] Cullen, William: Anfangsgründe der praktischen Arzneywissenschaft. Bd. 1–4. Leipzig 1778–1785.

[104] S. Abb. 4 Fieberbaum aus: Torti, Francisc. Therapeutice Specialis ad Febres Periodicas Perniciosas. Francofurti et Lipsiae 1756.

[105] Vgl. Lepenies (1976). Ebenfalls, Sigerist (1931) 142 ff.

[106] Boissier de Sauvages (1760) 124 f.

[107] Definition des ontologischen Krankheitsbegriffs nach Sigerist (1931).

[108] Sigerist (1931) 31.

[109] Canguilhem (1979) 96 f.

[110] Observations: „Kurze Darstellung der alten Methode zu kuriren", 61–81.

[111] Observations, 68; vgl. ebenfalls Pfaff (1796) 51.

[112] Pfaff (1796) 205.

[113] Observations, 68.

[114] Observations, 68.

[115] Observations, 306.

[115a] Mai (1800); Marcus (1797–99).

[115b] Journal der Erfindungen, Theorien und Widersprüche in der Natur- und Arzneiwissenschaft. Gotha 1792–1804. (Hrsg. Hecker, 1802). Vgl. dort zum Brownschen System:
1 (1792) 23–52, 2 (1792) 98 ff;
5 (1795) 109–128, 10 (1795) 114–120;
14 (1796) 139 ff, 15 (1796) 85–144, 16 (1796) 52–122;
21 (1797) 3–100; 23 (1797) 3–73, 24 (1797) 111–153;
25 (1798) 121–132, 27 (1798) 54–81, 28 (1798) 93–143, 29 (1798) 3–49;
32 (1800) 3–138, 33 (1800) 105–144;
35 (1803) 91–128, 39 (1803) 45–80;
41 (1804) 41–82.

[115c] Röschlaub Bd. 1 (1800) 4.

[115d] Röschlaub Bd. 1 (1800) 4, 5.

[116] Canguilhem, Georges: Der Beitrag der Bakteriologie zum Untergang der „medizinischen Theorie" im 19. Jahrhundert. In: Canguilhem (1979) 111.

[117] Pfaff (1796) 51.

[118] Observations, 140.

[119] Pfaff (1796) 30, 31.

[120] Observations, 283 f. Es folgt ein weiteres Kapitel: „Widerlegungen des Stahlianismus", das dem bereits Gesagten entspricht.

[121] Bernard (1876) 391.

[122] Pfaff (1801) 11.

[123] Den frühen Versuch, eine Geschichte der Pathophysiologie zu schreiben, findet man bei Eble. Neben deutschen Autoren wird unter den „Versuchen, die Physiologie mit der Pathologie zu verbinden", auch gleich der bedeutendste Vertreter Frankreichs erwähnt, F. J. V. Broussais, in dem Eble, noch ganz in der Polemik seiner Zeit gefangen, nur den Protagonisten einer „medicinischen Secte" wahrnehmen kann, „die zu ihrem Aushängeschild den Namen Physiologie pathologique wählte". Eble (1837) 404.

[124] Gregory (1782).

[125] Gaubius (1784). Brown kannte Gaub; vgl. Observations, 347.

[126] Hecker (1791/1799).

[126a] Röschlaub Bd. 1 (1800) 16.

[126b] Röschlaub Bd. 1 (1800) 74.

[127] Virchow (1847) 17.

[128] Bernard (1876) 394.

[128a] Pfaff (1796) 15.

[129] Pfaff (1796) 166.

[130] Pfaff (1796) 143. Vgl. ebenfalls Pfaff (1796) 8, 12, 15, 17, 22, 23, 25, 45, 48 f., 58, 65 f., usw.

[131] Pfaff (1796) 25 f, 98.

[132] Observations, 237 ff.
Die Passage wurde so ausführlich zitiert, um der immer wieder geäußerten Ansicht entgegenzutreten, das Krankheitsthermometer stamme gar nicht von Brown selbst. Dies ist, wie man sieht, unrichtig. Denn ergänzt man die „Observations"-Schilderung der Skala noch um die „Elementa"-Passagen §§ 448—450, so erhält man sogar die entsprechenden Zuordnungen der Krankheiten, wie sie angeblich erst von Samuel Lynch zusammengestellt worden seien. Daneben enthüllen die „Observations" eine wichtige doppelte Lesart der Skala, nämlich einmal die der Struktur der Reizbarkeit entsprechende Degeneration (von 80 bis 0), die immer übersehen wurde, zweitens die übliche, in der um eine Zone der vollkommenen Gesundheit zwei Krankheitsbereiche angeordnet sind. Nur die erste Lesart läßt die sonst überaus merkwürdigen Bemerkungen am Rande der Tabelle „Zunahme des Lebens" und „Abnahme des Lebens" sinnvoll erscheinen. (Vgl. Abb. 5).

[133] Die schottische Medizin, deren Schrittmacherdienste in der Entwicklung der klinischen Thermometrie selten gewürdigt eine eigene Untersuchung wert wären, weist eine nicht abreißende Kontinuität des Interesses an der Thermometrie auf, beginnend mit Stephan Hales und George Martin. Als Zeitgenossen Browns: Francis Home, William Alexander und die Chirurgen John Hunter und John Thompson, die allesamt zeitweise in Edinburgh lehrten oder studierten. Vgl. Ebstein (1929) 407—503.

[133a] Vgl. Observations, 317.

[133b] Etwa 150 Jahre hat es gedauert, gerechnet von der auf Fahrenheit zurückgehenden Anwendung des Thermometers durch Boerhaave (um 1720), bis die Thermometrie in der Klinik des 19. Jahrhunderts Anerkennung fand. Wie auch Rothschuh/Bleker (1974) feststellten, gehörten zum diagnostischen Inventar des frühen 19. Jahrhunderts die in Lucas Schönleins „Klinischen Vorträgen" genannten Untersuchungsmethoden „Auskultation, Perkussion und Palpation, die chemische und mikroskopische Untersuchung von Harn, Stuhl, Sputum und Erbrochenem, sowie die chemische und mikroskopische Blutuntersuchung", aber keine Meßverfahren. Nach einer experimentellen Vorphase zwischen 1850—70 fanden diese erst in den achtziger Jahren eine breitere Berücksichtigung in der Klink, wobei sich zunächst Thermometrie und Pulsregistrierung durchsetzten. Dies belegen anschaulich die Produktionsziffern der Glasindustrie: Hatten um 1800 noch die Handfertigungen der Pariser Glasbläsereien den ganzen europäischen Markt befriedigt, entstand um 1830 eine deutsche Thermometerfabrik in Stuetzerbach (Thüringen), die wiederum seit der Mitte der sechziger Jahre die ersten Fieberthermometer lieferte, so gibt es dann mit den achtziger Jahren einen eigenen Industriezweig der Glasindustrie, der ausschließlich Thermometer herstellt.

[133c] Boerhaave (1904) 74.

[133d] Neben den hier aufgeführten begrifflich-theoretischen Voraussetzungen der Thermometrie im Gegenstandsbereich (Was ist ein Fieber?) und Klassifikationsbereich (Was bedeutet das Fieber?) müssen, will man die Transformation eines Wissens in eine Wissenschaft verfolgen, zusätzliche, mit organisatorisch zu betitelnde Bedingungen bedacht werden. Die Vereinheitlichung von Meßinstrumenten und Skalen sind ebenso zu beachten wie der insti-

tutionelle Rahmen, in dem eine Messung durchgeführt wird. Bei der Entwicklung eines Thermometers dürfte das tatsächlich später benutzte Instrument auf einem Schnittpunkt divergenter Interessen gelegen haben: Den wirtschaftlichen des Thermometerproduzenten, den Präzisionsbedürfnis der Wissenschaft, nicht zuletzt aber den Erfordernissen der Praxis, die eine leichte, dennoch exakte Anwendung durch Patient und Pflegepersonal beinhalten. Um daraus eine Thermometrie zu formen, bedarf es daneben eines institutionellen Rahmens und nicht umsonst gibt es keine Thermometrie vor der Geburt der Klinik, d. h. vor dem Beginn des 19. Jahrhunderts. Die Klinik vermag an der Größe der Patientenzahl geschult, die Einheitlichkeit der Messungen in Zeit und Ort zu garantieren. Erst ihr demographischer Blick erkennt real die Normaltemperatur wie die Abweichungen, erst sie bestimmt den optimalen Körperpunkt wie die Zeiträume der Fiebermessungen. Dies sind in aller Kürze die Gründe, warum Boerhaave das Thermometer empfiehlt, die Medizin jedoch 150 Jahre auf eine erfolgreiche Anwendung wartet.

[133e] Campbell, N. R.: Symposium: Measurement and its Importance for Philosophy. In: Aristotelian Society 17 (1938) Suppl., 126. Stevens, S. S.: Measurement, Psychophysics and Utility. In: Churchmann: Measurement, Definitions and Theories. New York 1959, 18.

[133f] Die Gründe und Ursprünge des eminenten Praxisdrucks sind theorieimmanent nicht weiter faßbar, da sie in den gesellschaftlichen Bedingungen und Wandlungen des 18. Jahrhunderts liegen.

[134] Pfaff (1796) 33.

[135] Pfaff (1796) 34.

[136] Bernard, C.: Leçons sur le diabète et la glycogenèse animale. Paris 1877, 65 f. Deutsch zitiert nach Canguilhem (1974) 40 f.

[137] Röschlaub Bd. 1 (1800) 50 f.

[138] Röschlaub Bd. 1 (1800) 53 f.

[139] Röschlaub Bd. 1 (1800) 56.

[140] Zur Unterscheidung von morbus und valetudo adversa beruft sich Röschlaub ausdrücklich auf Browns „Elementa", in deren § 4 es heißt: „Adversa valetudo in omnium, aut aliquarum, exercendarum molestia, difficultate, aut perturbatione, consistit. Haec morbos respicit."

[141] Fries (1803) 76 f.

[142] Observations, 335 f.

[143] Ebenda

[144] Pfaff (1796) 63; dazu auch: Observations, 16 f.

[145] Pfaff (1796) 64.

[146] Pfaff (1796) 86 f.

[147] Nicht bekannt, wenn auch im Gespräch, war selbstverständlich die Natur dieser „Ansteckungsmaterie" als Mikroorganismus.

[148] Pfaff (1796) 6 f.

[149] Pfaff (1796) 7. Vgl. ebenfalls 85, 138.

[150] Pfaff (1796) 327.

[151] Foucault (1973) 201.

[152] Broussais T. 1. (1808) 55. Deutsch zitiert nach Canguilhem (1979) 114.

[153] Broussais, F. J. V.: Examen de la doctrine. Paris 1816, Vorwort. Deutsch zitiert nach Foucault (1973) 202.

[154] Pfaff (1796) 86 f.

[155] Pfaff (1796) 286.

[156] Pfaff (1796) 268.

[157] Pfaff (1796) 39.

[158] Hirschel (1846) 72 f.

[159] Observations, 194 ff.

[160] Pfaff (1796) 267.

[161] Observations, 131 f.

[162] Erneut findet sich der Versuch, die „Gefährlichkeit" und „Heftigkeit" in metrische Kategorien zu fassen: *„Die Heftigkeit und Gefährlichkeit allgemeiner Krankheiten.* verhält sich wie der Grad der Vermehrung der Erregung oder der Verminderung derselben;" Observations, 167.

[163] „Ihr alter Nahme ist entzündliche (phlogistic) Krankheiten, da aber diese abgeschmakt metaphorische Benennung sich auf eine alte irrige Vorstellung, als wenn diese Krankheiten von Feuer oder Flamme herrührten, gründet . . .". Pfaff (1796) 33.

[164] Foucault (1973) 20 ff.

[165] Boissier de Sauvages (1760) 88. Deutsch zitiert nach Foucault (1973) 22.

[166] Pfaff (1796) 32.

[167] Pfaff (1796) 2.

[168] Pfaff (1796) 46.

[169] Foucault (1973) 186, dem diese Darstellung folgt.

[170] Elementa medicinae (1784) 41.

[171] Chomel, A.-E.: Elements de pathologie generale. Paris 1817, 523. Deutsch zitiert nach Foucault (1973) 187.

[172] Vgl. auch S. 59 f. dieser Arbeit.

[173] Observations, 170.

[174] Pfaff (1796) 47.

[175] Pfaff (1796) 98.

[176] Pfaff (1796) 99.

[177] Der Interessierte mag diese Widersprüche an einem konkreten Beispiel, etwa der Pneumonie nachvollziehen. Vgl. dazu: Pfaff (1796) §§ 348−360.

[178] Es gibt eine Unmenge von Stellen, wo Brown vom Sitz, den Fehlern, der Unordnung etc. der Krankheiten redet. Auch hier gehen die historischen Ambivalenzen tief in den sprachlichen Bereich!

[179] Pfaff (1796) 96.

[180] Lepenies (1976) 78−87.

[181] Pfaff (1796). Vgl. die Stadienlehren der sthenischen oder asthenischen Erkrankungen, §§ 151−236.

[182] Pfaff (1796) 39.

[183] Pfaff (1796) 39.

[184] Pfaff (1796) 40.

[185] Vgl. insbes. Pfaff (1796) 41 ff.

[186] Pfaff (1796) 42.

[187] „Anlage zur Krankheit ist derjenige Zustand des Körpers, der von der Gesundheit abweicht, und sich der Krankheit so nähert, daß er immer noch innerhalb der Gränzen der ersteren zu seyn scheint, ohngeachtet er nur ein hinterlistige und betrügerische Aehnlichkeit damit hat." Pfaff (1796) 2.

[188] Observations, 289.

[189] Observations, 279, sowie 323−325. Vgl. ebenfalls: Pfaff (1796) 51. Hier spricht Brown von den „erträumten Kräften der Natur".

[190] Observations, 283.

[191] Pfaff (1796) 378.

[192] Pfaff (1796) 379.

[193] Pfaff (1796) 1, 33, 36.

[194] Fries folgt Kant, an dessen wichtige Ausführungen zum Normproblem hier nur erinnert werden kann. Der Vergleich mit Frankreich − besonders mit Comte und Bernard − läßt vermuten, daß es der Kantsche Einfluß auf die medizinische Theorie war, der früh verhinderte, daß ein rein quantitativer Normgedanke, wie ihn Brown nahelegte, in der zeitgenössischen deutschen Medizin Fuß fassen konnte.

[195] Pfaff (1801) 27.

[196] Archiv für Physiologie 3 (1799) 432, 434 f.
Ebenso in: Reil, J. C.: Ueber die Erkenntniß und Kur der Fieber, 3. Aufl. Bd. 1. Halle 1820.

[197] Foucault (1976) 236.

[198] Schelling (1860) 268.

[199] Comte (1912) 651. Deutsch zitiert nach Canguilhem (1974) 26.

[200] Comte (1838) 175. Deutsch zitiert nach Canguilhem (1974) 28.

[201] Enquiry, 9−12.
Eine philologische Analyse der „Enquiry" mit der Absicht, sie als Werk Browns zu identifizieren, kann im Rahmen dieser Arbeit nicht geleistet werden und bleibt einmal mehr einer späteren Spezialuntersuchung vorbehalten.

[202] Vgl. insbesondere Enquiry, 73−79: "The Application of the Principles of Philosophical Evidence to Medicine."

[203] Observations, 6.

[204] Observations, 7 f.

[205] Observations, 20 f.

[206] Bernard (1865). Deutsch zitiert nach Rothschuh (1961) 118.

[207] Pfaff (1796) 6.

[208] Pfaff (1796) 147.

[209] Observations, 35.

[210] Observations, 35.

[211] Kluckhohn (1968) 453.

[212] Wunderlich (1859) 242.

[213] A.o.O., 236.

[214] Foucault (1973) 140−153.

[215] Die Behandlung von Carcinomen mit Cytostatica gibt ein Beispiel für das Persistieren eines therapeutisches Denkstiles aus der Ära der Infektionskrankheiten.

[216] Im Schmerz als Ausdruck krankhaften Geschehens sieht René Leriche den Beweis, daß eine neue physiologische Ordnung einsetzt: „Der Schmerz kann unmöglich als Ausdruck einer normalen Tätigkeit, eines ständig funktionierenden Sinnes angesehen werden.... Er resultiert aus dem Konflikt zwischen einem Erreger und dem gesamten Individuum." Um so mehr ist er Ausdruck der gesamten Individualität als der Organismus ihn nicht einfach fix und fertig an einer Körperstelle empfängt und ihn passiv weiterleitet an das Gehirn, sondern ihn macht. Mit der Konzeption der „douleur-maladie", die hier nur gestreift werden konnte, gelingt Leriche der Nachweis, daß
1. in der Krankheit eine neue, von der Gesundheit qualitativ verschiedene physiologische Ordnung gesetzt wird, die
2. als aktiver Ausdruck der gesamten Individualität bewertet werden muß.
Leriche, R.: La chirurgie de la douleur. Paris 1837, 488 ff. Deutsch zitiert nach Canguilhem (1974) 62.

[217] Canguilhem (1974) 55.

VII. Literaturverzeichnis

A. Unveröffentlichtes, handschriftliches Quellenmaterial zu Brown

National Library of Scotland. Edinburgh

1. MS 2078—80. Physiology lectures, i-liii, November, 1767, to February, 1768. i 379pp; 473pp. iiiff.; 458pp. iiiff
2. MS 2081. Clinical lectures, i-xv, February — April, 1768. Aufschrift: „Chemical lectures", 2. i. 500pp
3. MS 2082-3. Physiology lectures, xxxv-lxix. January — February, 1767. Aufschrift: „2", „3". vff. 300pp; ivff. 387pp
4. Brief, Elisabeth Cullen Brown an T. J. Peltigrew, 6. Dezember 1838, MS 5173

Edinburgh University Library. Edinburgh

5. Brief, Andrew Duncan Sen. an James Cumming, vom 3. Dezember 1781. LaII 82 (Duncan)
6. Brief, John Brown an James Cumming, Secretary of the Cape Club, vom 28. Mai 1782. Überschrift: „Crassus Senator Capae Scribae S.P.D.". LaII. 83/7
7. Brief, Denovan Campbell an den Earl of Buchan, vom 13. Februar 1783
8. Wappen (wahrscheinlich der Brownschen Freimaurerloge) und Notiz. Aufschrift: „Motto: Perseveranti dabitur". LaII. 82
9. Brief, F. Russell an James Cumming, vom 30. September 1783. LaII. 82/4
10. Brief, John Brown an James Cumming, vom 30. März 1784. LaII 82/4
11. Brief, Alex Johnson an James Cumming, vom 8. Februar 1785. LaII 82, 4
12. Brief, Alex Johnson an Adam McDonnel, vom 12. März 1785. LaII 82
13. Brief, Thomas Beddoes an A. Guyot, vom 19. Januar 1786. LaIII 52/1
14. Brief, Elisabeth Cullen Brown an James Campbell, vom 8. März 1825. Dk. 8.3
15. Brief, Elisabeth Cullen Brown an Mrs. Campbell of Barcaldire, vom 11. Januar 1827. Dk. 8.3

B. Werkausgaben

Brunonis, Joannis: De medicina Praelectoris, societatis regiae medicae Edinenses Praesidis, Elementa Medicinae. Edinburgi 1780

Brunonis, Joannis: Elementa Medicinae. 2. Aufl. Edinburgi 1784

Brown, John: The Elements of medicine, or a translation of the Elementa Medicinae Brunonis with large notes, illustrations and comments by the author of the original work. Vol. 1.2. London 1788

Brown, John: Observations on the principles of the old system of Physic, exhibiting a compend of the new doctrine. The whole containing a new account of the state of medicine, from the present times backward to the restoration of the Grecian learning in the western parts of Europe. By a Gentleman conversant in the subject. London 1787

Beddoes, T.: The Elements of Medicine of John Brown, M. D., translated from the Latin with comments and illustrations by the Author. Vol. 1. 2. London 1795

Brown, W. C.: The Works of Dr. J. Brown, to which is prefixed a biographical account of the author. Vol. 1—3. Edinburgh 1804

Fouquier, P.-E.: Eléments de médicine. Traduits de l'original latin, avec des additions et des notes de l'auteur, d'après sa traduction anglaise, et avec la table de Lynch. ᵉParis 1805

Frank, G.: Ricerche sullo stato della Medicina, secondo i principii della filosofia induttiva, con un appendice contente varii casi practici, con riflessione del Dott. Roberto Jones. T. 1. 2. Pavia 1795

Jones, R.: An inquiry into the state of medicine on the principles of inductive philosophy. With an appendix; containing practical cases and observations. Edinburgh 1781. (Möglicherweise Brown der Verfasser)

Lafont-Gouzi, G. G.: Nouvelle doctrine de Brown, contenent ses élémens. Réfutation du système du spasme. 1e partie. Paris 1805

Pfaff, C. H.: John Brown's System der Heilkunde. Kopenhagen 1796

Pfaff, C. H.: John Brown's System der Heilkunde. Nach der letzten vom Verfasser sehr vermehrten und mit Anmerkungen bereicherten englischen Ausgabe seiner Elements of Medicine übersetzt. 3. Aufl. Kopenh. 1804

Röschlaub, A.: John Brown's sämmtliche Werke. Bd. 1−3. Frankfurt 1806−1807

Weikard, M. A.: John Brown's Grundsätze der Arzneilehre. Aus dem Lateinischen. Frankfurt 1795

C. Sekundärliteratur zu Brown bis 1850

In Hirschels „Literatur zur Geschichte des Brown'schen Systems" von 1846, eine Arbeit, auf die mehrfach hingewiesen wurde, finden sich 313 inhaltlich nach Ländern, Fächern sowie Gegnern und Anhängern gegliederte Publikationen zu Brown und der Erregungstheorie. Der interessierte Leser wird sich hier informieren können. Die nachfolgende Literatur enthält nur eine knappe Auswahl der wichtigsten Titel, die einigermaßen zugänglich sind und eingesehen werden konnten. Eine nicht geringe Zahl der von Hirschel genannten Monographien war − obwohl bibliographisch nachgewiesen − im internationalen Leihverkehr nicht zu erhalten. Besonders beachtet wurde ferner die selten aufgeführte französische Literatur.

Baeta, H. X.: Comparative view of the theories and practices of Drs. Cullen, Brown and Darwin in the treatment of fever and of acute rheumatism. London 1800

Batsch, A. J. G. C.: Beitrag zur Berichtigung der Urtheile über das Brownische System von einem praktischen Arzte. Jena 1797

Beddoes, T.: John Brown's Biographie nebst einer Prüfung seines Systems. Kopenhagen 1797. In: Pfaff, C. H. a.o.O., 1796

Blaese, I. G.: Diss. inaug. de virtutibus Opii medicinalibus, secundum Brunonis systema dubiis et male fundatis. Jenae 1795

Bertin, R. J.: Doctrine médicale simplifiée, ou Eclaircissement et confirmation du nouveau système de médecine de Brown. T. 1. 2. Paris 1798

Burdach, K. F.: Asklepiades und John Brown. Eine Parallele. Leipzig 1800

Chortet, F.: Réflexions critiques sur la manière dont les anti-browniens excercent la médecine en France ou traité de l'abus de la méthode affaiblissante en général, particulièrement de l'émético-purgative, suivi d'une nouvelle théorie et d'un nouveau traitement des maladies dites des humeurs. Paris an XII

Chortet, F.: Recueil d'observations faites d'après la théorie de Brown par J. Frank, Marcus, Thomann, Brera et Weikard avec des réflexions sur chaque maladie, précédé d'une exposition des principes fondamentaux du nouveau système, suivi d'un traité sur la propriété fortifiante de la chaleur et sur la vertu affaiblissante du froid par le même auteur. Luxembourg an XI

Chortet, F.: La vraie théorie médicale ou exposé périodique et développement de la théorie de Brown dite de l'incitation. Paris 1806

Chortet, F.: Recherches sur la pathogénie, ou introduction à la médecine-pratique, renfermant la résolution des objections faites par M. le professeur Pinel, contre la théorie de Brown. Paris 1805

Chriestie, T.: Erklärung der Brownischen Grundsätze. Kopenhagen 1797. In: Pfaff, C. H. a.o.O., 1796

Clarus, J. C. A.: Scholae methodicae et brunonianae consensus. Lipsia 1799

Fries, J.: Regulative für die Therapeutik nach heuristischen Grundsätzen der Naturphilosophie. Leipzig 1803

Frank, J.: Über die Lehre von Brown an Herrn Brugnatelli. Aus dem Italienischen von M. A. Weikard. Frankfurt 1796

Frank, J.: Erläuterungen der Brownischen Arzneylehre. 1. Aufl. Heilbronn 1797, 2. Aufl. Wien 1798

Gilbert, N. P.: Les théories médicales modernes comparées entr'elles et rapprochées de la médecine d'observation. In: Mémoire à la séance publique de la société de médecine de Paris. Paris an VII

Girtanner, C.: Ausführliche Darstellung des Brownschen Systems der praktischen Heilkunde nebst einer vollständigen Literatur und einer Kritik desselben. Bd. 1. 2. Göttingen 1797—98

Gruner, C.: Almanach für Ärzte und Nichtärzte auf das Jahr 1794. Jena 1794, 151—178; 1795, 79—81; 1796, 55—78; 1797, 156—162, 303

Gruner, C.: Neues Taschenbuch für Ärzte und Nichtärzte. Leipzig 1797

Hartmann, P. K.: Analyse des Brown'schen Systems (auch unter dem Titel: Analyse der neuern Heilkunde) Wien 1802

Hufeland, C. W.: Bemerkungen über die Brownische Praxis. Tübingen 1799

Hirschel, B.: Geschichte des Brown'schen Systems und der Erregungstheorie. Dresden, Leipzig 1846

Jahn, F.: Neues System der Kinderkrankheiten nach Brownischen Grundsätzen und Erfahrungen ausgearbeitet. Arnstadt 1803

Lafont-Gouzi, G. G.: Considérations critiques sur la classification des médicaments suivies d'un nouveau plan de matière médicale. Paris 1803

Latrobe, J. F.: Dissertatio inauguralis, sistens Brunoniani systematis criticen. Jenae 1795

Léveillé, J. B. F.: Exposition d'un systeme plus simple de médecine, ou éclaircissement et confirmation de la nouvelle doctrine médicale de Brown. Paris an VI

Lynch, S.: Table of excitement and excitability, dedicated to J. Brown, as a testimony of respect, by his friend and pupil. In: Pfaff, C. H. a.o.O., 1796/1804

Mai, F. A.: Stolpertus, ein junger Arzt am Krankenbett. Mannheim 1800

Marc, C. C. H.: Allgemeine Bemerkungen über die Gifte und ihre Wirkungen im menschlichen Körper. Nach dem Brownischen Systeme. Erlangen 1795

Marcus, A. F.: Prüfung des Brown'schen Systems der Heilkunde durch Erfahrungen am Krankenbette. Bd. 1. 2. Weimar 1797—99

Matthäi, C. C.: Handbuch der von J. Brown zuerst vorgetragenen Erregungstheorie. Nach den neuesten Bearbeitungen einfach dargestellt. Göttingen 1801

Melber, I. D.: Diss. inaug. de febre putrida, ex principiis Brunonianis explicata. Jenae 1794

Naegele, A.: Das Werden, das Leben, die Gesundheit, die Krankheit und der Tod des menschlichen Körpers nach Brown'scher Art dargestellt. Düsseldorf 1801

Pfaff, C. H.: Revision der Grundsätze des Brownischen Systems mit besonderer Hinsicht auf die Erregungstheorie. In: Pfaff, C. H.: John Brown's System der Heilkunde. Kopenhagen 1804

Pfaff, C. H.: A treatise on Brown's system of medicine. London 1802

Pfaff, C. H.: Grundriß einer allgemeinen Physiologie und Pathologie des menschlichen Körpers. Bd. 1. Kopenhagen 1801

Rasori, G.: Risposta alle meditazioni del Sig. Francesco Vaccà Berlinghieri sulla nuova dottrina medica di G. Brown. Milano 1796

Rasori, G.: Compendio della nuova dottrina medica di G. Brown e confutazione del sistema dello spasmo. Pavia 1792

Rees, J. T.: Remarks on the medical theories of Brown, Cullen, Darwin and Rush. Diss. Philadelphia 1805

Ringseis, J. N. von: De doctrine Hippocratica et Browniana inter se consiente et mutuo se explente tentamen. Normbergue 1813

Rizo, E.: Essai sur la nouvelle doctrine médicale de Brown, en forme de lettre. Paris an V

Röschlaub, A.: De Febri. Fragmentum, quod Praesid. Dr. Ignatio Döllinger, defendet J. Andreas Röschlaub. Bamberg 1795

Röschlaub, A.: Von dem Einflusse der Brown'schen Theorie in die praktische Heilkunde. Würzburg 1798

Röschlaub, A.: Untersuchungen über die Pathogenie oder Einleitung in die Heilkunde. 2. Aufl. Bd. 1. 2. Frankfurt 1800—1801

Röschlaub, A.: John Brown's Leben beschrieben von dessen Sohne Dr. William Cullen Brown. Frankfurt 1807

Rush, B.: Medical inquiries and observations. Vol. 1. 2. Philadelphia 1793

Sacchi, J.: In principia theoriae Brunonianae animadversiones. Ticini 1793

Schiferli, A.: Analyse raisonnée du système de John Brown concernant une méthode nouvelle et simplifiée de traiter les maladies en général, appuyé de différentes observations. Paris 1798

Schmidt, C. F. G.: De scalis Brunoniasis scripsit novamque adfecit. Lipsiae 1802

Slock, I.: De Brownii et Broussai doctrinis medicis. Gandavi 1830

Spannagel, A. T.: Systemata Reilii et Brononis sibi opposita. Halae 1798

Strambio, G.: Riflessioni sul libro intitolato: Joannis Brunonis Elementa Medicinae. Milano 1795

Trenker, A.: Kritisch-philosophische Widerlegung des Brownischen Systems: hauptsächlich der von Röschlaub hierüber herausgegebenen Pathogenie. Wien 1801

Ulrich, J.: Analysis des Brown'schen Systems der Heilkunde zur möglichen Uebereinkunft darüber. Wien 1800

Weikard, M. A.: Geschichte der Brownischen Lehre in drei Aufsätzen. Frankfurt 1796

Weikard, M. A.: Entwurf einer einfachern Arzneykunst, oder Erläuterung und Bestätigung der Brownischen Arzneylehre. Frankfurt 1797. 2. Aufl. 1797

Weiss, J.: Theoretisch-practische Vorlesungen über Chirurgie oder Wundarzneikunst nach Brown'schen Grundsätzen. Wien 1803

Werner, C.: Apologie des Brown'schen Systems der Heilkunde auf Vernunft und Erfahrung gegründet. Wien 1799

D. Sonstige Literatur und Sekundärliteratur

Ackerknecht, H. E.: Broussais, or a forgotten medical revolution. Bulletin of the History of Medicine 27 (1953) 320—343

Arnold, K.: Die Geschichte der französischen Physiologie zwischen 1750 und 1850. Diss. med. Münster 1959

Barthez, J.: Nouveaux éléments de la science de l'homme. Paris 1806. 2. ed. T. 1. Paris 1806

Bernard, C.: Leçons sur la chaleur animale. Paris 1876. Dtsch.: Claude Bernard's Vorlesungen über die thierische Wärme, die Wirkungen der Wärme und das Fieber. Übers. von Adolf Schuster. Leipzig 1876

Bernard, C.: Einführung in das Studium der experimentellen Medizin. Leipzig 1961

Bichat, X.: Recherches physiologiques sur la vie et la mort. Paris 1802. 2. Aufl. 2. ed. P. 1802

Boerhaave, H.: Die Grundsätze der Diagnostik und Therapie. München 1904, Aphorismi de cognoscendi et curandis morbis. Leyden 1709

Boissier de Sauvages, F.: Nosologia methodica sistens morborum classes juxta Sydenhami mentem et botanicorum ordinem. Bd. 1. Leiden 1760

Bole, T. J.: John Brown, Hegel and speculative Concepts in medicine. Texas Reports on Biology and Medicine 32 (1974) 287—297

Broussais, F. J. V.: Histoire des phlegmasies ou inflammations chroniques. T. 1. 2. Paris 1808

Broussais, F. J. V.: Traité de Physiologie appliqué à la Pathologie. T. 1. 2. Bruxelles 1825

Canguilhem, G.: Das Normale und das Pathologische. München 1974. Originalausgabe: Le normal et la pathologique. Paris 1943

Canguilhem, G.: John Brown (1735—1788). La théorie de l'incitabilité de l'organisme et son importance historique. In: XIIIe Congrès international d'Histoire des Sciences. Moskau 1971, 141—146

Canguilhem, G.: Die Herausbildung des Konzeptes der biologischen Regulation im 18. und 19. Jahrhundert. In: Wissenschaftsgeschichte und Epistemiologie. Frankfurt 1979, 110—133

Comrie, J. D.: History of Scottish Medicine. 2. ed. Vol. 1. 2. London 1932

Comte, A.: Examen du Traité de Broussais sur l'irritation. Paris 1828

Comte, A.: Considérations philosophiques sur l'ensemble de la science biologique. Paris 1838. In: Cours de philosophie positive. (40. Vorlesung) T. 3. Paris 1908

Comte, A.: Système de politique positive. Paris 1857. 4. Aufl. T. 1. Paris 1912

Cullen, W.: List of Dr. Cullens students at Edinburgh University in the Classes of Chemistry 1755—1765, Materia Medica 1761, and Clinical Medicine 1763. Edinburgh University Library. Da (class lists) Acc. 6473

Cullen, W.: Lectures on the Materia Medica. Dublin 1773

Cullen, W.: First lines of the Practise of Physic. Dtsch.: Anfangsgründe der praktischen Arzney-wissenschaft. Bd. 1—4. Leipzig 1778—1785

Cullen, W.: A treatise of the materia medica. Edinburgh 1789

Daremberg, C.: Historie des Sciences Médicales. T. 2. Paris 1870

Engelhardt, D. v.: Bibliographie der Sekundärliteratur zur romantischen Naturforschung und Medizin 1950—1975. In: Brinkmann, R.: Romantik in Deutschland. Stuttgart 1978

Eble, B: Versuch einer pragmatischen Geschichte der Arzneikunde (Forts. Sprengel). 6. Teil: Die Geschichte der theoretischen Arzneikunde vom Jahre 1800—1825. Wien 1837

Ebstein, E.: Die Entwicklung der klinischen Thermometrie. In: Ergebnisse der Inneren Medizin und Kinderheilkunde. Bd. 33 (1928) 407—503

Fischer-Homburger, E.: Geschichte der Medizin. Heidelberg 1975

Foucault, M.: Die Geburt der Klinik. Eine Archäologie des ärztlichen Blicks. München 1973

Foucault, M.: Überwachen und Strafen. Die Geburt des Gefängnisses. Frankfurt 1976

Foucault, M.: Die Ordnung des Diskurses. München 1977

Gaub, H. D.: Anfangsgründe der medicinischen Krankheitslehre. Aus dem Lateinischen von Gruner. Berlin 1784

Grant, A.: The Story of the University of Edinburgh during its First Three Hundred Years. Vol. 1. 2. London 1884

Gray, J.: History of the Royal Medical Society 1737—1937. Edinburgh 1952

Gregory, J.: Conspectus medicinae theoreticae. Edinburgi 1782. Dtsch.: Uebersicht der theoretischen Arzneiwissenschaft. Th. 1. Leipzig 1784

Hecker, A. F.: Grundriss der Physiologia pathologica. 2. Theile. Halle 1791—1799

Henle, J.: Handbuch der rationellen Pathologie. Bd. 1. Braunschweig 1847

Humboldt, A. v.: Versuche über die gereizte Muskel- und Nervenfaser nebst Vermuthungen über den chemischen Process des Lebens in der Thier- und Pflanzenwelt. Bd. 1. 2. Berlin 1797

D'Irsay, S.: Histoire des Universités. T. 1. 2. Paris 1935

Kluckhohn, P. u. Samuel, R.: Novalis Schriften. Die Werke Friedrich von Hardenbergs. Band III., Das philosophische Werk II. Darmstadt 1968

Leibbrand, W.: Die spekulative Medizin der Romantik. Marburg 1956

Lepenies, W.: Das Ende der Naturgeschichte. München 1976

Lesky, E.: Die Wiener Medizinische Schule im 19. Jahrhundert. Graz, Köln 1965

Medicinisch-chirurgische Zeitung. Salzburg 1796—1800

Mémoires de l'institut national des sciences et arts. Sciences mathematiques et physique. Paris an VI-XII, Bd. I.—V

Mémoires de la société médicale d'émulation. Paris an VI—IX, Bd. I—IV

Meyer-Steineg, T.: Geschichte der Medizin im Überblick mit Abbildungen. Jena 1921

Möller, H.-J.: Die Begriffe „Reizbarkeit" und „Reiz". Konstanz und Wandel ihres Bedeutungsgehaltes sowie die Problematik ihrer exakten Definition. Stuttgart 1975

Müller, R.: Joseph Frank (1771—1842) und die Brownsche Lehre. Zürich 1970

Neubauer, J.: Dr. John Brown (1735—88) and Early German Romanticism. Journal of the History of Ideas 37 (1967) 367—382

Neubauer, J.: Bifocal Vision. Novalis' Philosophy of Nature and Disease. Chapel Hill 1971

Pinel, P.: Brownisme. In: Dictionnaire des sciences médicales, T. 3. Paris 1812

Rath, G.: Alexander von Humboldt and Brunonianism. Journal of the History of Medicine 15 (1960) 75—77

Rath, G.: Der Brownianismus in Amerika. Gesnerus 19 (1962) 15—24

Rieppel, F. W.: Die Medizinschule von Edinburgh. Ciba Zeitschrift Nr. 113. Basel 1948

Risse, G. B.: The Brownian System of Medicine: Its Theoretical and Practical Implications. Clio Medica 5 (1970) 45—51

Risse, G.: Schellings „Naturphilosophie" and John Brown's System of Medicine. Bulletin of the History of Medicine 50 (1976) 321—324

Risse, G.: Scottish medicine on the continent. John Brown's medical system in Germany 1796—1806. In: Proceedings of the XXIII International Congress of the History of Medicine, London 1972. Vol. 1. London 1974, 682—687

Rothschuh, K. E.; Bleker, J.: Die Einführung naturwissenschaftlicher Methoden in die klinische Diagnostik in der deutschen Medizin des 19. Jahrhunderts. In: Proceedings of the XXIII International Congress of the History of Medicine, London 1972. London 1974, 131—135

Rothschuh, K. E.: Physiologie. Der Wandel ihrer Konzepte, Probleme und Methoden vom 16. bis 19. Jahrhundert. München 1968

Rothschuh, K. E.: Konzepte der Medizin. München 1978.

Sammlung auserlesener Abhandlungen zum Gebrauche praktischer Aerzte. 2. Stück. Leipzig 1774

Sedillot, J. (Hrsg.): Recueil périodique de la société de santé de Paris. Bd. I—XIV. Paris an V bis VI

Schelling, F. W. J.: Vorläufige Bezeichnung des Standpunkts der Medicin nach Grundsätzen der Naturphilosophie. In: Schelling Werke, Bd. VII. 1. Abth., Stuttgart 1860, 260—288

Schelling, F. W. J.: Schriften von 1794—1798. Darmstadt 1975

Shryock, R. H.: Die Entwicklung der modernen Medizin. Stuttgart 1947

Sigerist, H. E.: Einführung in die Medizin. Leipzig 1931

Smellie, W.: Royal Medical Society of Edinburgh. Laws and list of members. Edinburgh 1788

Somerville, T.: My Own Life and Times 1741—1814. Edinburgh 1861

Spieß, G. A.: J. B. van Helmont's System der Medicin verglichen mit den bedeutenderen Systemen älterer und neuerer Zeit. Frankfurt 1840

Transactions of the Royal Medical Society of Edinburgh 1 (1788)-3 (1794)

Torti, F.: Therapeutice Specialis ad Febres Periodicas Perniciosas. Francofurti et Lipsiae 1756

Virchow, R.: Archiv für pathologische Anatomie und Physiologie und für klinische Medizin. Berlin (1847) Bd. 1 und (1858) Bd. 14

Virchow, R.: Die Stellung der Pathologie unter den biologischen Wissenschaften. Rede, gehalten in der Royal Society zu London, am 16. März 1893. Berliner Klinische Wochenschrift (1893) 321—324; 357—360

Virchow, R.: Gesammelte Abhandlungen zur wissenschaftlichen Medicin. 2. Aufl. Hamm 1862

Vollmann, R.: Das Thermometer. Ciba Zeitschrift Nr. 53. Basel 1944

Wardenburg, G.: Briefe eines Arztes. Bd. 1. Göttingen 1799

Wunderlich, C. A.: Geschichte der Medizin. Stuttgart 1859

Wyklicky, H.: Vom Brownianismus und dessen Folgen. Österreichische Ärztezeitung 13/14 (1976), ohne Seitenangaben

Springer-Verlag
Berlin
Heidelberg
New York